——— 日照不足也OK ———
以耐陰植物打造美麗庭園

編著◎NHK 出版　監修◎月江成人

目
次

Shade Garden

Chapter **2**

第2章 適合遮陰庭園栽種的植物圖鑑

4

歡迎光臨
美麗的
遮陰庭園

能夠遇見耐陰植物的庭園小徑

盡情地伸展著枝葉的高
大櫻花樹下，是最適合
耐陰植物生長的場所。
玉簪、大吳風草等斑
葉植物，金葉龍牙草
等彩葉植物長出漂亮
枝葉。6月在喬木繡球
（Annabelle）、紫斑風
鈴草等白花加入後，這
一帶就沉浸在清新舒爽
的氛圍中。（惠泉女學
園大學校園）

遮陰庭園的獨特魅力

H.Imai

將平凡狹小通道改造成綠意盎然的庭園

遮陰庭園與花團錦簇的全日照庭園魅力截然不同。即便只有野春菊開著耀眼的粉紅色花，搭配玉簪、蔓根、風知草等不同葉色、葉形的植物，就能營造出沉穩華麗氛圍。整個植栽以長著碩大葉片的玉簪（寒河江）長得最旺盛、最耀眼。

寬約70cm，與鄰居相隔的狹小通道，經過多方嘗試摸索，終於找到適合栽種的植物，改造成這處魅力十足的空間。鳳尾蕨、鐵線蕨、Sugar Vine等觀葉植物也茂盛生長。或許是不會吹到冷風的關係吧！耐寒性較弱的植物也欣欣向榮。

H.Imai

以欣欣向榮地生長的植物構成庭園的觀賞重點

南側鄰居遮擋成陰，與兩
株高大落葉樹形成遮陰
的庭園。曲線和緩的庭園
小徑兩旁，栽種著經過長
時間才找到的適合這座
庭園環境的植物。植株高
大，規律配置的玉簪、矢
車草（鬼燈檠）、橐吾，
將觀賞的人引向小徑深
處。

能夠悠然地欣賞美麗葉片的庭園

葉色深綠、布滿纖毛的虎耳草,清新素雅的銀葉日本蹄蓋蕨、斑葉鳴子百合,再加上大吳風草、長著光亮大葉片的八角蓮,及葉片布滿皺褶的蝦脊蘭。以葉片質感、紋理大異其趣的植物構成絕妙組合,營造沉穩美感。

H.Imai

9

成功打造遮陰庭園的訣竅

遮陰場所無法讓植物健康地生長，
很難打造出美麗庭園，你是否這麼認為呢？
事實上，只要掌握幾個要點，
植物就會欣欣向榮地生長，
輕鬆打造出魅力十足的庭園。

Point 1

了解遮陰類型

簡稱為遮陰，其實庭園遮陰情況千變萬化，有的是植物形成遮陰，有的是建築物遮擋成陰。遮陰位置也會隨著季節而改變。即便一天當中，遮陰情況也會不同，有些場所是環境微暗，一整天都照不到陽光，有些場所則是在某個時段，短時間照射進陽光。

過去一直視為遮陰的場所，仔細觀察時就會發現到，其實混雜存在著不同的遮陰情況。

→ P.14 先了解庭園的遮陰情況

Point 2

配合環境挑選植物後
組合栽種

因為喜愛這種花，所以毫不考慮環境條件就栽種，就容易出現植物枯死、植物出現葉燒現象而不漂亮，或開花狀況不佳等情況。若因為這些因素而對園藝失去了興趣，那就得不償失了。希望打造美麗的遮陰庭園，那就先挑選適合該遮陰類型場所栽種的植物吧！遮陰場所的植物開花情形，不像全日照場所的植物那麼繽紛多彩，因此，相較於打造全日照庭園，建議更廣泛地組合運用株高、草姿、葉的形狀或大小、葉色、紋理（質感）等花之外的要素，為庭園增添變化吧！

→ P.21 各種遮陰類型的克服招術
→ P.58 巧妙運用葉色差異
→ P.60 善加利用形狀或紋理質感差異

Point 3

打造植物
最活躍的舞台

即便配合遮陰類型精心挑選植物，環境條件若不健全，植物還是無法健康地生長。耐陰植物原本都是自生於樹林、森林等場所，在表面長年堆積落葉，土質鬆軟的環境中生長。庭園也進行土壤改良，將植物種入相同的土壤裡，就是成功打造遮陰庭園的重要關鍵。

而隨著樹木的生長，環境越來越陰暗時，適度地疏剪枝葉，即可使庭園顯得更明亮。反之，照射強烈直射陽光時，栽種樹木即可緩和日照等，多花點心思就能栽種更多種植物，大幅拓展植栽範疇。

→ P.50 以土壤改良＆覆蓋改善植栽環境
→ P.52 利用樹木調節日照

Point 4

仔細觀察
深入了解

不管準備得多周全，栽種後還是可能出現葉色不漂亮、引發葉燒現象、植物開花狀況不佳等不盡人意的結果。反之，也可能碰到一直認為栽培難度很高，栽種後植物欣欣向榮地生長等情形。事實上，日照、氣溫等環境上的些微差異，都會影響植物的生長。庭園植栽作業不是種下植物後就結束，栽種後必須仔細地觀察植物的狀態，深入了解自家庭園適合栽種哪些植物。這就是成功打造美麗庭園的最大關鍵。

→P.63 栽種植物後必須持續地觀察

＊基本上，本書內容係以日本關東地區以西的溫帶地區為基準。
時間可能因寒帶、熱帶等地區氣候因素而不同。

Chapter

1

Shade Garden

遮陰場所很難打造成理想中的庭園，
但千萬不能因而放棄喔！
先仔細地觀察庭園遮陰狀態吧！
挑選適合該遮陰場所栽種的植物，
發揮巧思，加以組合，
完成遮陰場所才能打造的美麗庭園吧！

第 1 章

積極地打造美麗的遮陰庭園

月江成人

先了解庭園的遮陰情況

充分了解庭園的遮陰情況，
這就是成功打造美麗遮陰庭園的第一步。
先了解遮陰場所有哪些類型，
再了解自家庭園的遮陰類型，
本單元就來介紹了解遮陰類型的方法吧！

遮陰類型＆植物

夏季環境很重要

植物的適應能力絕對超乎想像，即便種在不是很理想的環境，也不會輕易地枯死。但若希望欣賞漂亮狀態，那就必須種在適合植物生長的環境。

打造遮陰庭園時，必須先考量環境條件，因為適合遮陰場所栽種的植物（耐陰植物），生長期通常是6月至9月，而大部分地區一到這個時期，氣溫都超過30℃，對於植物生長影響甚鉅。

影響最深遠的是引發葉燒現象。氣溫越高，葉片的蒸散作用越旺盛，而耐陰植物需要水分的程度，都遠超過全日照場所栽種的植物（全日照植物），植物根部來不及吸收水分時，就很容易出現葉燒現象。照射夏季強烈直射陽光時，植物也很容易引發葉燒現象。

因此，本書以夏季期間（6月至9月）的日照條件為基準，將遮陰情況分成四個類型，詳細介紹因應對策。

而連夏季都不太會出現高溫、陽光也不強烈照射的北方國家，比較不會引發葉燒現象，有些植物即便直射陽光，也能健康地生長。

冬季至春季期間的環境也必須關注

除了生長期間為春季至秋季的植物之外，適合遮陰場所栽種的植物，還包括早春至春天開花，邁入夏季後葉片枯萎進入休眠狀態的植物，如聖誕玫瑰，秋季開始生長，夏季進入半休眠狀態的植物。

對於這類植物而言，最適合的環境是落葉的秋末至枝葉茂盛生長的春末為止，呈現全日照狀態的落葉樹下。初夏至秋季期間，落葉樹下呈現遮陰狀態，因此，組合栽種春季至秋季期間在遮陰場所生長的植物，與夏季進入休眠或半休眠狀態的植物，就能打造一年四季都美不勝收的庭園。

建築物等結構物或常綠樹等遮擋成陰的場所，基本上，一年到頭都處於遮陰狀態。冬季期間太陽位置更低，此類型場所可能變得更陰暗。夏季進入休眠或半休眠狀態的植物，通常不適合這類環境栽種，勉強栽種則開花狀況不佳。不過，還是必須視實際明亮度而定。聖誕玫瑰屬等具耐陰性植物，種在這類環境則幾乎沒問題，都能健康地生長。

遮陰類型

本書以6月至9月的日照條件為基準，將遮陰情況分成四個類型後詳細介紹。

陰暗遮陰

照不到陽光，間接光
也不能期待的遮陰場所

幾乎一整天都照不到陽光，間接光也不能期待的遮陰場所。以建築物等結構物圍繞的狹長空間為主。以栽種繡球花也不開花，或頂多開幾朵花的場所為大致基準。

明亮遮陰

照不到陽光，但樹梢會灑落陽光
或照射間接光的遮陰場所

一整天都照不到直射陽光，或即便照到也只照射幾十分鐘的場所。樹梢灑落陽光的落葉樹下，周圍開闊而照得到來自天空、來自建築物或道路等間接光的場所，就相當於此類型遮陰場所。以繡球花能夠正常開花為大致基準。

半遮陰 上午照射

上午10時前照射陽光的遮陰場所

氣溫低於30℃的上午10時左右為止時段，照射陽光幾小時的場所。日照條件優於「明亮遮陰」場所，適合栽種的植物種類大幅增加。

半遮陰 下午照射

上午10時至傍晚
照射陽光的遮陰場所

氣溫超過30℃的上午10時至傍晚之前的時段，照射直射陽光幾小時的場所。對於耐陰植物而言，環境較嚴峻，易引發葉燒現象。

遮陰場所的形成方式

建築物等構造物或樹木等遮擋陽光就會形成遮陰場所。遮陰場所的明亮程度，因是否照射間接光而不同。

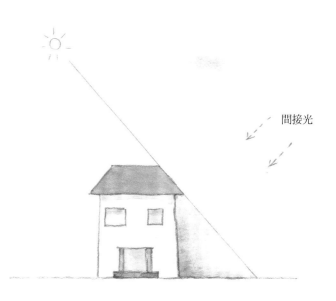

間接光

周圍開闊，因來自天空等處的間接光而顯得很明亮。

近旁設置圍牆或栽種樹木等，就不能期待間接光，這類場所通常比較陰暗。

了解庭園環境

確認夏至前後的日照條件

於太陽升上最高點的夏至（6月21日）前後，仔細地觀察庭園一整天，以了解6月至9月的日照條件吧！夏至前後太陽升上最高點後漸漸下降，因此，透過觀察就能推測出前後時期的日照條件與形成遮陰的情況。

先以1小時為單位，仔細觀察庭園裡的哪些場所呈現遮陰狀態，哪些場所照得到陽光後，留下記錄。可直接在地面上畫線，家裡有建築用地圖面時，直接作上記錄亦可。同時觀察明亮程度，了解形成遮陰部分相當於P.15記載的哪種類型。

庭園遮陰通常混雜存在著樹木或建築物等形成的陰影。因此，遮陰型態通常也摻雜著好幾種類型，所以必須更加仔細地觀察。

接著確認該遮陰部分的形成因素吧！落葉樹形成遮陰的場所，冬季至春季期間就會呈現全日照狀態。結構物或常綠樹遮擋成陰的場所，一年到頭都維持遮陰狀態的可能性非常高。

庭園裡已經栽種植物時，知道哪種植物長得最健康，也是深入了解遮陰環境的重要線索！

觀察土壤狀態

土壤狀態與日照條件一樣重要。自然界中的耐陰植物生長環境為森林、樹林及周邊場所。這些場所長期落葉堆積，土質鬆軟，富含有機成分。這種土壤會適度地排掉多餘水分，確保必要水分，隨時都維持著濕潤狀態，而且，還具備適時地為植物提供養分的作用。將栽培用土處理成近似這種土壤的狀態，就是成功栽培耐陰植物的祕訣。

下雨過後觀察土壤，就能了解土壤的狀態。雨後好幾小時還積水未退，甚至形成水坑的場所，必須提高警覺。土壤結成硬塊時，除了影響排水之外，還可能因為保水性不佳而土壤顯得很乾燥。耕入腐葉土等改良處理成富含有機成分的土壤吧！

圍牆或建築物旁、大樹下等不容易淋到雨的場所，土壤也比較乾燥。相較於草花，樹木需要吸收更多的水分，又比較不耐乾燥。因植物根部或建築物基礎結構等之干擾，土壤改良並不是那麼容易就能完成。這類場所必須挑選耐乾燥能力較強的耐陰植物。

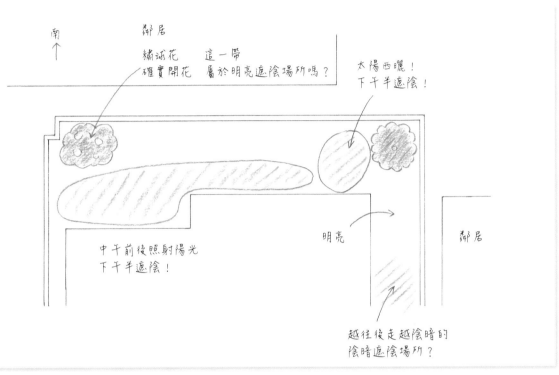

南 ↑

鄰居

繡球花　這一帶
確實開花　屬於明亮遮陰場所嗎？

太陽西曬！
下午半遮陰！

中午前後照射陽光
下午半遮陰！

明亮

鄰居

越往後走越陰暗的
陰暗遮陰場所？

夏季的直射陽光

一到了夏天，太陽位置上升，原本照不到陽光的場所，中午前後可能照射強烈直射陽光。

北緯35度時，中天高度（＊）分別為春分、秋分約55度，夏至約78度。南側建蓋高8m的建築物後，春分、秋分的正午遮陰長度為5.6m，夏至為1.7m，照射直射陽光部分大幅增加。

夏季的日出、日落位置也往北方移動，因此，照射朝陽與夕陽的場所也增多。

＊中天高度：太陽上升至最高點（正南方）時的角度。

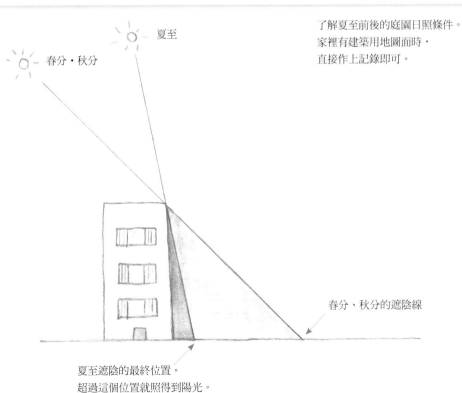

春分・秋分

夏至

了解夏至前後的庭園日照條件。家裡有建築用地圖面時，直接作上記錄即可。

春分、秋分的遮陰線

夏至遮陰的最終位置。
超過這個位置就照得到陽光。

遮陰類型&適合栽種的植物

 適合陰暗遮陰場所
栽種的植物

適合栽種自然界中生長在陰暗樹林或森林裡，耐陰性絕佳，光線微弱也不徒長，會開花，植株健康生長的植物。

另一個特徵是，以葉色深綠的常綠植物占多數。通常花朵較小，花色素雅，但果實鮮紅耀眼的種類也不少。蕨類、薹屬植物等，草姿、紋理（質感）很有特色的植物也不勝枚舉。但斑葉植物有些品種可能因光線不足，而葉斑顯得比較模糊。

紫金牛
秋季至冬季結出耀眼果實。

沿階草
建議栽種白斑品種，
使遮陰場所
顯得更明亮。

 適合明亮遮陰場所
栽種的植物

自然界中生長在樹林、森林裡或周邊場所的耐陰植物，種在此類型環境時，通常都能健康地生長。開出漂亮花朵的植物也不少，斑葉漂亮，草姿與紋理質感特徵鮮明，可善加利用的植物非常多，因此可盡情地享受組合植栽樂趣。

葉片上分布著白色葉斑等，淺色葉斑植物稍微照射直射陽光就很容易出現葉燒現象，因此很適合此類型遮陰場所栽種。玉簪的白斑、藍葉系等園藝品種都容易出現葉燒現象，因此也適合種在此類型遮陰場所。

澤繡球
栽種斑葉品種，花後還可賞葉。

玉簪（藍葉系品種）
易出現葉燒現象，因此適合種在明亮遮陰場所。

適合半遮陰
上午照射場所栽種的植物

適合栽種自然界中生長在樹林、森林的周邊場所，需要適度光線才能生長的植物。需要全日照栽培的植物中，不乏照射陽光幾小時就確實地開花的種類，這類植物也適合採用，因此，適合栽種的植物種類更廣泛。對於不喜歡乾燥土壤與地溫上升的落葉樹而言，也是非常理想的環境。

部分玉簪（綠葉系、黃葉系園藝品種）與斑葉品種蕨類，稍微照射陽光，葉斑顏色就變得更鮮豔。老鸛草、金蓮花屬植物般，本來喜愛全日照，但耐暑性較弱，需要在比較涼爽的環境才能順利越夏的植物也適合栽種。

適合半遮陰下午照射場所
栽種的植物

耐陰植物中亦包括耐土壤乾燥能力強，短時間照射下午的強烈直射陽光，也不太會出現葉燒現象的種類，請挑選這類植物吧！

如同「半遮陰 下午照射」，本來喜愛全日照，具適度耐陰性，照射幾小時陽光依然充分開花的植物也可利用。

紫蘭

避免場所過度乾燥，直射陽光也耐得住。

棣棠花

纖細修長枝條上開花時姿態最迷人。

日本蹄蓋蕨

種在明亮場所時，葉斑顏色更鮮豔。

水甘草屬植物

種在全日照到半遮陰環境都能健康地生長。

適合落葉樹下栽種的植物

豬牙花

長出葉片的春季期間，
必須充分地照射陽光。

對於喜愛遮陰的大部分植物而言，落葉樹下是很理想的生長環境。因為氣溫升高的夏季呈現明亮遮陰狀態，落葉後，氣溫不高的秋末至初春期間陽光普照。

落葉樹下是豬牙花、荷包牡丹等早春至春季期間開花，夏季休眠植物不可或缺的環境。因為葉片展開的期間很短，為了植物的健全生長，這個時期的日照至為重要。同樣從秋天開始生長，夏天進入半休眠狀態或休眠狀態的聖誕玫瑰屬、藍鈴花屬或原種仙客來等，對於這類秋植球根植物而言，落葉樹下也是很理想的環境。

聖誕玫瑰

適應力強，種在冬季至春季期間
照不到陽光的場所也健康地生長。

對於大部分耐陰植物而言，落葉樹下是很理想的場所。落葉樹下也是最適合栽種早春至春季期間開花植物的場所，因此作為植栽場所，就能打造春季至夏季，乃至邁入秋季都充滿季節變化的美麗庭園。圖為春季期間落葉樹下的西班牙藍鈴花、玉簪、礬根等植物競相爭豔的美麗景象。

S.Tsukie

第 1 章／積極地打造美麗的遮陰庭園

植栽實例剖析

各種遮陰類型的克服招術

植栽設計・插畫　月江潮

依照P.15的遮陰類型，
更詳細地介紹植栽訣竅。
請作為打造美麗遮陰庭園的參考。

AM—PM

陰暗遮陰

照不到陽光，間接光也不能期待的遮陰場所

這種場所

大多位於圍牆、樹籬等設施與建築物之間的狹長空間，或其中一側為開闊場所，但附近有高大常綠樹，樹陰結合建築物陰影而呈現「陰暗遮陰」狀態的場所。

植栽要點

適合「陰暗遮陰」場所栽種的植物，通常四季常綠，葉色幾乎都是深綠色，能夠開出耀眼花朵的種類比較少，構成的庭園缺乏變化，易顯單調。留意草姿、高度、葉片大小與形狀、紋理（質感）等，巧妙地組合栽種，以營造縱深感吧！善加利用斑葉品種與彩葉植物等，庭園氛圍就顯得更明亮。但環境陰暗程度不同，有些植物可能無法呈現漂亮顏色，需留意。

空間照得到間接光，環境比較明亮的場所，就能拓展植栽範疇，因此仔細地觀察，好好地運用吧！也建議採用庭園雅石、水盆、雕刻等具觀賞價值的庭園擺飾，踏腳石、砂礫等植物之外的素材，構成美麗的景致。

此類型場所不容易呈現季節變化，但改變一下觀點，可說是不太需要維護整理，植物還是能維持良好形狀不雜亂的植栽場所。

通常栽種常綠植物，因此一年到頭都能欣賞。插畫為4月下旬的景象。夏末至秋季開花的秋海棠、初冬轉變成紅色的紫金牛果實與淫羊藿的葉、落葉後的青莢葉枝條，都清楚地呈現出季節變化。

巧妙運用
斑葉植物＆彩葉植物

利用東瀛珊瑚（Picturata）（a）等斑葉植物，黃金青莢葉（b）等彩葉植物，庭園就顯得更明亮。無法呈現漂亮顏色時，表示環境太陰暗，建議考慮改種其他種類植物。

栽種散發花香的植物

栽種瑞香（c）或香菫菜（g）等芳香性植物，從香氣就能知道春天來報到。

春季可享受花香。

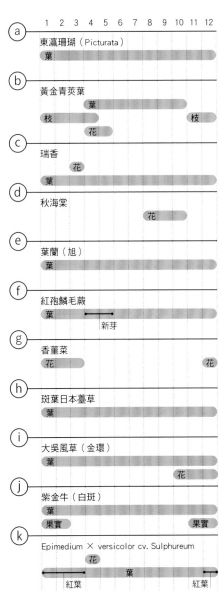

適合採用的植物種類相當有限，
仔細觀察草姿、株高、葉形等植物特徵後組合栽種吧！

狹小場所適合栽種
生長速度緩慢的植物

瑞香（c）、東瀛珊瑚
（Picturata）（a）、黃金青
莢葉（b），都是生長速度
緩慢，枝條不太會橫向生
長，狹小庭園也容易栽培運
用的植物。

落葉後裸枝也深具魅力。

春天可享受花香。

冬天葉子會轉變顏色。

以個性十足的草姿
增添變化

隨處栽種紅孢鱗毛蕨（f）、
葉蘭（e）、斑葉日本薹草
（h）等草姿獨特的植物，再
以別於其他植物的形狀與紋
理質感差異營造變化。

	1 2 3 4 5 6 7 8 9 10 11 12
a	東瀛珊瑚（Picturata） 葉
b	黃金青莢葉 葉 枝　　枝 花
c	瑞香 花 葉
d	秋海棠 花
e	葉蘭（旭） 葉
f	紅孢鱗毛蕨 葉 新芽
g	香菫菜 花　　花
h	斑葉日本薹草 葉
i	大吳風草（金環） 葉 花
j	紫金牛（白斑） 葉 果實　　果實
k	Epimedium × versicolor cv. Sulphureum 花 葉 紅葉　　紅葉

AM—PM

陰暗遮陰／照不到陽光，間接光也不能期待的遮陰場所

組合植栽訣竅

活用個性十足的掌葉鐵線蕨草姿

適合採用的植物種類相當有限，不易營造變化
的陰暗遮陰場所，積極地使用個性十足的植物
吧！掌葉鐵線蕨的輕盈飄逸、恣意伸展的草姿
與纖細葉片等質感，充滿獨特韻味。搭配葉片
碩大渾圓的橐吾，就能彼此襯托突顯優點。

掌葉鐵線蕨
春天長出的紅銅色新芽也是魅力之一。

橐吾
以碩大圓葉最具特徵。

四季蒾
常綠植物。掌葉鐵線蕨與
橐吾消失蹤影的冬季期間，
可欣賞花蕾與果實。

適合搭配
掌葉鐵線蕨的
植物

八角金盤
大型葉片最適合
當作背景。

東瀛珊瑚
建議採用
細葉東瀛珊瑚。

德國鈴蘭
向上生長的
葉也賞心悅目。

陰暗遮陰場所組合植栽實例之一。夏末開花的秋海棠腳下，栽種紫金牛。一到了秋天，紫金牛果實轉變成紅色，邁入冬季，秋海棠地上部分消失後還可欣賞。都是體質強健的植物，放任生長也欣欣向榮。

H.Imai

善加利用斑葉植物

適合陰暗遮陰場所採用的植物，以葉色深綠的植物佔多數，因此容易構成陰暗單調的植栽。陰暗場所加入漂亮葉斑植物，就能襯托深綠色葉，使整座庭園顯得更明亮。

JBP-T.Maki

野扇花
葉色深綠，具光澤感。
秋季結紅色果實。

S.Tsukie

瑞香（信濃錦）
葉片上分布著鮮黃色葉斑，
使周圍顯得更明亮。

蝴蝶花
葉具光澤感，
4月至5月還可賞花。

JBP-Y.Itoh

種在
陰暗遮陰場所
也容易呈現
葉斑的植物

JBP-T.Maki

斑葉羊角芹
（Variegatum）
綠葉上分布著
乳白色葉斑，
葉色柔美。

S.Tsukie

小薹草
（Snowline）
柔美流暢的
外型最富魅力。

JBP-H.Imai

黃花野芝麻
5月至6月
還可賞花。

半遮陰 上午照射

上午10時前照射陽光的遮陰場所

這種場所

位於建築物、圍牆、樹木等的東側，周圍適度開闊的場所。

植栽要點

雖說只是幾小時，但畢竟還是照射到陽光，因此具適度遮陰性的全日照植物皆可利用。而且氣溫升高時段呈現遮陰狀態，所以植物因土壤太乾燥等因素而受損的情形很少見，適合栽種的植物種類大幅增多。耐暑性較弱的種類也可利用。組合栽種葉色漂亮與季節花卉等植物，打造華麗繽紛庭園吧！

只組合栽種落葉植物，冬季庭園易顯荒涼，於庭園背景等重點加入常綠植物吧！落葉樹形成遮陰場所，組合栽種初春至春季開花的植物，也可打造一年四季花團錦簇的庭園。

以腐葉土等覆蓋土壤表面，避免地溫上升或土壤太乾燥，就能減少澆水次數等，庭園維護整理更輕鬆。

初夏

以葉片漂亮的植物為主，組合栽種季節花卉植物，岩白菜、日陰躑躅（野杜鵑）、老鸛草等植物，從早春開始依序開花，圖中描繪6月份紫斑風鈴草，盛夏圓錐繡球、玉簪開花時的景象。

利用耐暑性較弱的種類

原本為全日照植物，但耐暑性較弱的老鸛草（m），最適合這類植物生長的遮陰場所。利用這類植物就能大幅拓展植栽範疇。

紫紅色葉成為植栽的觀賞重點。

使用比較耐陽光照射的種類

玉簪、攀根的耐陽光照射能力因
品種而不同。上午照射陽光，
因此使用玉簪（Fried Bananas）
（j）、玉簪（Aphrodite）
（h）、攀 根（Southern
Comfort）（1）等耐陽光照射能
力較強的植物。

	1	2	3	4	5	6	7	8	9	10	11	12
a 加拿大紫荊（Forest Pansy）				葉						紅葉		
			花									
b 日陰躑躅（野杜鵑）				花								
	葉											
c 圓錐繡球							花	摘除殘花				
								紅葉				
d 草莓樹									花			
	葉											
e Aster cordifolius								花				
f 秋牡丹的同類									花			
g 台灣油點草									花			
h 玉簪（Aphrodite）				葉								
							花					
i 斑風鈴草					花							
j 玉簪（Fried Bananas）				葉								
							花					
k 金風知草				葉								
									紅葉			
l 攀根（Southern Comfort）	葉											
							花					
m Geranium × cantabrigiense 'Biokovo'					花							
	葉										紅葉	
n 岩白菜				花								
	紅葉					葉						紅葉
o 日本蹄蓋蕨	葉											

 半遮陰 上午照射／上午10時前照射陽光的遮陰場所

秋

10月中旬，加拿大紫荊
（Forest Pansy）葉帶黃色，
秋牡丹、孔雀草、台灣油點草
等，秋季花卉植物繽紛綻放。
相對地，春天妝點庭園的玉
簪、風知草花期進入尾聲。

打造秋季庭園的最精采場面
組合栽種秋季開花的秋牡丹
同類（f）、孔雀草（e）、
台灣油點草（g），打造秋
季庭園的最精采場面。

ⓐ 加拿大紫荊（Forest Pansy）

ⓑ 日陰躑躅（野杜鵑）

ⓒ 圓錐繡球

ⓓ 草莓樹

ⓔ Aster cordifolius

ⓕ 秋牡丹的同類

ⓖ 台灣油點草

ⓗ 玉簪（Aphrodite）

ⓘ 紫斑風鈴草

ⓙ 玉簪（Fried Bananas）

ⓚ 金風知草

ⓛ 攀根（Southern Comfort）

ⓜ Geranium × cantabrigiense 'Biokovo'

ⓝ 岩白菜

ⓞ 日本蹄蓋蕨

將常綠植物種在最前方
將攀根（l）、老鸛草
（m）、岩白菜（n）與常綠
植物，並排種在植栽空間的
最前方，發揮植栽邊緣裝飾
效果，冬季植物消失後，庭
園植栽依然精采。

組合栽種常綠樹

只栽種落葉樹，邁入冬季後，庭園易顯荒涼，因此組合栽種草莓樹（d）與日陰躑躅（野杜鵑）（b）。

玉簪被遮擋而看不見。

適度地隱藏花後姿態

花後紫斑風鈴草（i），姿態實在不漂亮。植栽時前方栽種葉片碩大的玉簪（i），就能隱藏花後姿態。

這類植物也適合採用

自生於寒帶全日照場所，耐暑能力較弱的植物，種在溫帶的全日照場所時，不容易越夏。將這類植物種在早上涼爽時段照射陽光的場所，就會健康地生長。

金蓮花屬植物

5月至6月開花。株高30至60cm。喜愛含有機成分的濕潤場所。適合當作地被植物抑制地溫上升。落葉性多年生草本植物。

Veronica gentianoides

春天綻放清新淺藍色花。株高30至45cm。適合當作地被植物抑制地溫上升。半常綠多年生草本植物。

偏翅唐松草

植株栽培長大後，初夏期間開滿花朵美不勝收。葉也個性十足。株高90cm至150cm。落葉性多年生草本植物。

假升麻屬植物

大致分為株高約30cm的小型種，與株高可達1.5m的高性種。開花時期為5月至6月。落葉性多年生草本植物。

半遮陰 上午照射／上午10時前照射陽光的遮陰場所

建議此類型遮陰場所嘗試的組合

S.Tsukie

四周圍繞著高大喬木，西側有建築物的口袋狀場所。上午照射陽光幾小時，因此萼繡球、槲葉繡球確實地開花，還可欣賞小葉瑞木、大手毬等花木。以配置好幾處的金風知草統一庭園意象，將觀賞的人引向規律配置的庭園小徑盡頭。

組合栽種同時期開出
藍色花的植物

組合栽種紫唇花,與全日照至半遮陰環境中健康生長的柳葉水甘草。同時期開花,5月就能欣賞淺藍色與藍紫色等同色系花構成的清新配色。

以礬根的
深濃葉色襯托花

帶紫色的礬根銅葉,襯托著老鸛草的柔美花色。希望在溫帶地區欣賞這種組合時,重點為栽種時挑選Obsidian等耐直射陽光照射的品種。

S.Tsukie

組合栽種
生長環境相同的植物

開藍色花的澤繡球,與開桃紅色花的紫斑風鈴草,充滿沉穩高雅氛圍的組合。兩種都是自生於林緣,生長環境與花期也完全一致的植物,因此組合栽種後容易維護整理。

以澤繡球與日本蹄蓋蕨
營造清涼意象

澤繡球腳邊配置日本蹄蓋蕨。以銀葉與清新素雅的白色配色,於初夏期間營造清涼意象。明亮遮陰場所也適合採用的組合,但稍微照射直射陽光,日本蹄蓋蕨的葉色更鮮豔。

JBP-M.Fukuda

S.Tsukie

半遮陰 下午照射

上午10時至傍晚照射陽光的遮陰場所

這種場所

南側至西側一帶有高聳建築物或樹木的場所，或建築物西側非常空曠，因此北側強烈西曬的場所等。

植栽要點

除了挑選照射強烈陽光也不太會引發葉燒現象的耐陰植物外，進行土壤改良，加厚覆蓋以避免土壤太乾燥與防止地溫上升也很重要。

喜愛全日照的植物中，不乏只照射幾天陽光就能充分開花的種類。利用這類植物，大幅拓展植栽範疇吧！

葉片上分布著白斑等淺色葉斑的植物，易出現葉燒現象，最好避免採用。即便相同植物，品種不同，耐直射陽光照射能力也不一樣。相較於黃葉品種，深紫葉與琥珀色葉品種礬根，比較不會引發葉燒現象，玉簪則是相較於綠葉、黃葉品種，藍葉品種比較不會出現葉燒現象。

一整座庭園的日照條件，不可能完全相同，重點是必須仔細地觀察遮陰情況，適當地配置植物。

初夏

全日照花壇，加入常見的多年生草本植物後，構成更繽紛多彩的植栽。圖中描繪6月中旬景象。路邊青與柳葉水甘草花期結束，但小葉鼠刺與存在感十足的槲葉繡球開花，萱草也開始綻放。

散發著花香。

使用全日照植物

天藍繡球（e）、萱草（f）、路邊青（i）、柳葉水甘草（g），原本都屬於全日照植物。盡量種在可更長久照射陽光的場所即可。

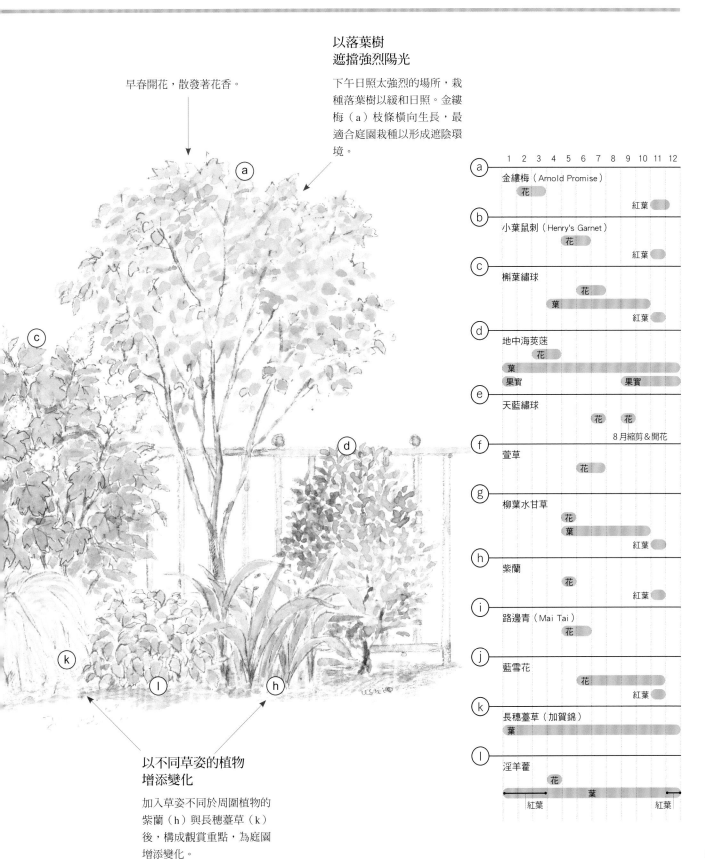

**以落葉樹
遮擋強烈陽光**

下午日照太強烈的場所，栽
種落葉樹以緩和日照。金縷
梅（a）枝條橫向生長，最
適合庭園栽種以形成遮陰環
境。

早春開花，散發著花香。

**以不同草姿的植物
增添變化**

加入草姿不同於周圍植物的
紫蘭（h）與長穗薹草（k）
後，構成觀賞重點，為庭園
增添變化。

	1	2	3	4	5	6	7	8	9	10	11	12
a 金縷梅（Arnold Promise）		花									紅葉	
b 小葉鼠刺（Henry's Garnet）					花						紅葉	
c 槲葉繡球						花					紅葉	
				葉								
d 地中海莢蒾				花								
	葉											
	果實						果實					
e 天藍繡球						花		花				
						8月縮剪&開花						
f 萱草					花							
g 柳葉水甘草					花							
					葉							
											紅葉	
h 紫蘭					花							
											紅葉	
i 路邊青（Mai Tai）					花							
j 藍雪花							花					
											紅葉	
k 長穗薹草（加賀錦）												
	葉											
l 淫羊藿				花								
				葉								
	紅葉										紅葉	

33

半遮陰 下午照射／上午10時至傍晚照射陽光的遮陰場所

組合
漂亮紅葉的樹木

組合小葉鼠刺（b）、槲葉繡球（c）、金縷梅（a）等漂亮紅葉的樹木，以鮮豔色彩妝點秋末庭園。

秋末

早春萌發新芽，初夏花朵繽紛綻放，夏季邁入尾聲後，紅葉季節也跟著來報到。庭園一度被染成最繽紛的色彩。轉瞬間，樹葉落盡，只剩下常綠植物，庭園回歸寧靜。

隨處配置
常綠植物

加入長穗薹草（k）、淫羊藿（l）、路邊青（i）、地中海莢（d）等常綠植物，冬季庭園也不荒涼。

(a) 金縷梅（Arnold Promise）

(b) 小葉鼠刺（Henry's Garnet）

(c) 槲葉繡球

(d) 地中海莢蒾

(e) 天藍繡球

(f) 萱草

(g) 柳葉水甘草

(h) 紫蘭

(i) 路邊青（Mai Tai）

(j) 藍雪花

(k) 長穗薹草（加賀錦）

(l) 淫羊藿（E. perralderianum）

全日照植物包括照射直射陽光3小時左右，就會確實地開花的種類。這類植物也很適合「半遮陰 上午照射」場所採用。但遮陰時段盡量明亮一些，開花狀況更好。

蠟瓣花（Spring Gold）

早春開淺黃色花，花後還可欣賞金黃色葉。株高2m左右的落葉灌木。

繡線菊（Pink Ice）

春季花卉，萌發新芽時布滿白色散斑的葉最漂亮。葉斑淡化後，建議初夏進行縮剪。株高1.5m的落葉灌木。

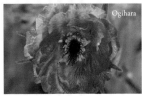

路邊青

春天開滿甜美可愛花朵。最近栽培產生的品種，亦具耐暑性。株高約30cm，小型半常綠多年生草本植物。

天藍繡球

盛夏期間開花，花期長。溫帶地區種在半遮陰場所，葉色更漂亮。株高60cm至120cm的落葉性多年生草本植物。

欣賞枯色草花

秋色漸濃，落葉性多年生草本植物開始枯黃，但其中不乏紫蘭（h）、柳葉水甘草（g）等充滿枯色之美的植物。搭配紅葉樹木，秋末景色更優美。

四季常綠，一年到頭都賞心悅目。

半遮陰 下午照射／上午10時至傍晚照射陽光的遮陰場所

組合植栽訣竅

以銅葉背景襯托花

「半遮陰 下午照射」場所也栽種一部分全日照植物，因此開滿漂亮耀眼的花。以比較耐直射陽光照射的銅葉植物為背景，更能襯托花。建議組合栽種橘色、淺藍色或粉紅色等色系的花卉植物。

美洲風箱果
（Diabolo）

5月至6月綻放手毯般花朵。

適合構成背景的銅葉植物

加拿大紫荊
（Forest Pansy）

酒紅色的心形葉最富魅力。

萱草

6月至9月開花，花期因品種不同。

錦帶花
（Follis Purpurea）
5月開粉紅色花。

藍雪花
夏季至秋季期間開花。

以植株低矮的植物凝聚腳下植栽。避免影響銅葉與花的組合，挑選素雅清新的植物。

適合搭配銅葉構成組合的植物

天藍繡球
夏季開花。修長花穗最耀眼。

毛地黃
初夏開花，氣勢磅礴。

吊鐘柳
種類、品種豐富多元。

S.Tsukie

圍繞草皮區規劃的植栽空間。高大常綠樹腳下地帶，中午過後，由後方往前方依序照射陽光。栽種橘色紫錐花、白色山桃草的最後方，一到了下午就成為陽光普照的全日照場所。中央是傍晚時分才會照到陽光的半遮陰場所，萱草、紫露草（Sweet Kate）生氣盎然地生長。前方的明亮遮陰處栽種風知草、玉簪等也健康地生長，未出現葉燒現象。

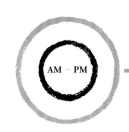

AM － PM

明亮遮陰

照不到陽光，但樹梢灑落陽光或照射間接光的遮陰場所

這種場所

除了落葉樹之下，建築物等結構物或常綠樹遮擋成陰，但周圍開闊，可照射到來自天空的間接光而顯得很明亮，就屬於此類型遮陰場所。

植栽要點

喜愛遮陰的大部分植物都適合栽種的場所，同時也是玉簪、風知草、泡盛草等遮陰庭園主角植物長得最漂亮的環境，只組合栽種這三種植物，就能構成美麗的庭園植栽。

葉片上分布著白斑等淺色葉斑的植物，也適合不會照射直射陽光，不易引發葉燒現象的此類型遮陰場所栽種。斑葉植物種類中包括稍微照射陽光葉色就更漂亮的種類。不管面積多小，一整座庭園的日照條件完全相同的情形並不多見。因此，仔細地觀察庭園，精心挑選植物後，種在能夠稍微照射到朝陽的場所，葉色就更賞心悅目。

大樹形成遮陰時，植株基部不容易淋到雨，再加上根部吸收水分，更容易變成環境乾燥的場所。下雨後土壤依然乾燥，或稍微挖開土壤就看到根部的場所，最好挑選比較耐乾燥的植物。

初夏

以隨著季節改變樣貌的馬醉木、棣棠花等花木為背景，非常大氣地組合栽種葉片漂亮的玉簪、風知草，可賞花的泡盛草與檞葉蚊子草等植物的庭園植栽。圖為 5 月下旬的美麗景象。

**最適合栽種
比較不耐直射陽光的植物**

斑葉玉簪（g）、藍葉系玉簪（j）都是耐直射陽光能力比較弱的植物。礬根（Lime Rickey）（m）則容易出現葉燒現象，因此很適合種在不會照射到直射陽光的此類型場所。

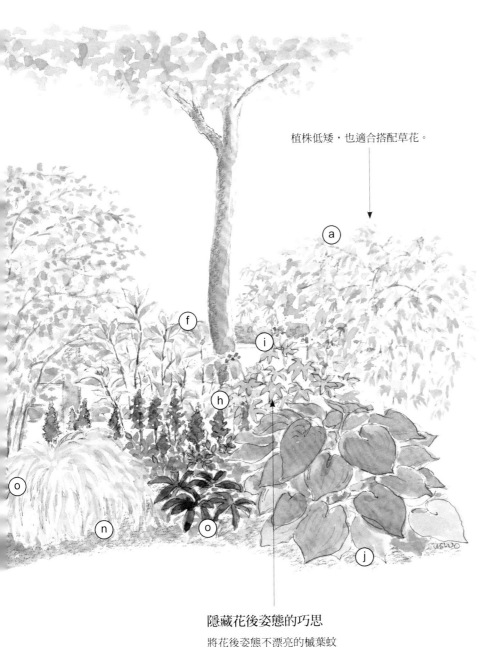

植株低矮，也適合搭配草花。

ⓐ 日本楓（占之內）

ⓑ 馬醉木

ⓒ 澤繡球（九重山）

ⓓ 喬木繡球（Annabelle）

ⓔ 棣棠花

ⓕ 紅瑞木

ⓖ 玉簪（Snow Cap）

ⓗ 泡盛草

ⓘ 槭葉蚊子草

ⓙ 玉簪（Elegans）

ⓚ 淫羊藿（Sulphureum）

ⓛ 療肺草

ⓜ 礬根（Lime Rickey）

ⓝ 風知草（All Gold）

ⓞ 聖誕玫瑰

隱藏花後姿態的巧思

將花後姿態不漂亮的槭葉蚊子草（i）、泡盛草（h），種在分量感十足的玉簪（g‧j）與風知草（n）後方，就能遮擋花後姿態。

明亮遮陰／照不到陽光，但樹梢灑落陽光或照射間接光的遮陰場所

秋末

11月，日本楓、棣棠花等樹木開始呈現紅葉狀態。春天萌發新芽後，一直妝點著庭園的落葉性草花，也漸漸地轉變顏色後枯萎。樹葉落盡後，棣棠花與紅瑞木枝條構成冬季特有的景色。

欣賞充滿冬季趣味的裸枝

落葉樹中不乏樹葉落盡後，露出漂亮枝條的種類。植栽時以綠色枝條盡情伸展的棣棠花（e），枝條會轉變成鮮紅色的紅瑞木（f）為背景，冬季庭園更有特色。

冬天，樹葉依然留在枝頭上。

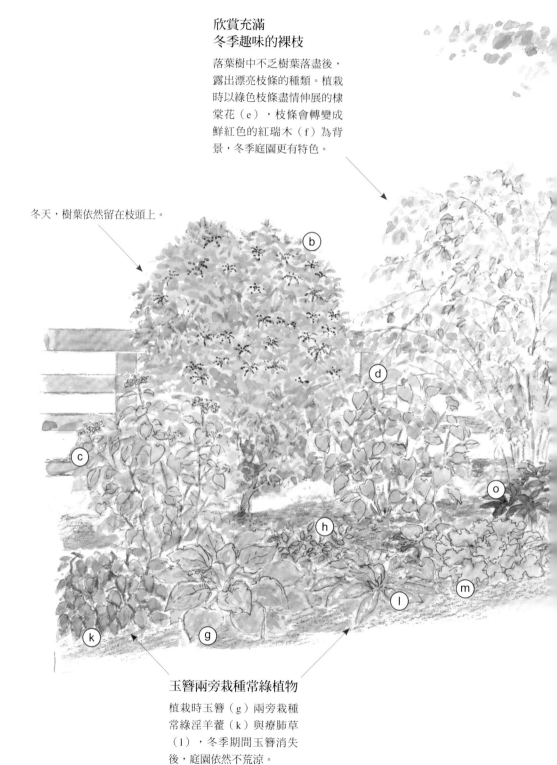

玉簪兩旁栽種常綠植物

植栽時玉簪（g）兩旁栽種常綠淫羊藿（k）與療肺草（l），冬季期間玉簪消失後，庭園依然不荒涼。

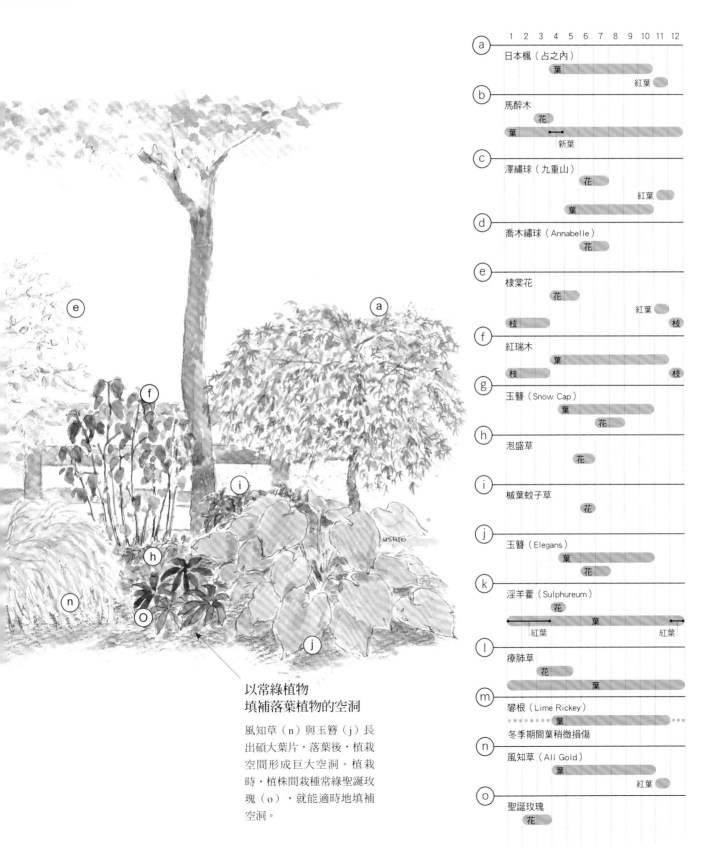

**以常綠植物
填補落葉植物的空洞**

風知草（n）與玉簪（j）長出碩大葉片，落葉後，植栽空間形成巨大空洞。植栽時，植株間栽種常綠聖誕玫瑰（o），就能適時地填補空洞。

1 2 3 4 5 6 7 8 9 10 11 12

a 日本楓（占之內）　葉　紅葉
b 馬醉木　花　葉　新葉
c 澤繡球（九重山）　花　紅葉　葉
d 喬木繡球（Annabelle）　花
e 棣棠花　花　紅葉　枝　枝
f 紅瑞木　葉　枝　枝
g 玉簪（Snow Cap）　葉　花
h 泡盛草　花
i 槭葉蚊子草　花
j 玉簪（Elegans）　葉　花
k 淫羊藿（Sulphureum）　花　葉　紅葉　紅葉
l 療肺草　花　葉
m 攀根（Lime Rickey）　葉　冬季期間葉稍微損傷
n 風知草（All Gold）　葉　紅葉
o 聖誕玫瑰　花

明亮遮陰／照不到陽光，但樹梢灑落陽光或照射間接光的遮陰場所

建議此類型遮陰場所嘗試的組合

活用高度・紋理質感差異

以玉簪覆蓋樹木的腳下地帶，後方栽種掌葉鐵線蕨與斑葉紅瑞木。巧妙運用株高差異，再以掌葉鐵線蕨與玉簪的葉形、紋理（質感）形成鮮明對比，完成無花時期依然意趣盎然的景色。

玉簪＋風知草＋澤繡球

遮陰庭園主角的玉簪、風知草，加入澤繡球後，使初夏遮陰庭園顯得更華麗耀眼。玉簪與風知草成為地被植物，廣泛地覆蓋地面，既可避免雜草生長，庭園管理也更輕鬆。

泡盛草＋玉簪＋槲葉繡球

最具初夏遮陰庭園代表性的
植栽組合。泡盛草開花後，
玉簪與槲葉繡球接著開花。
玉簪花期長，再加上漂亮的
葉片，可更長久欣賞。秋末
還可欣賞槲葉繡球的美麗紅
葉。

活用玉簪的
獨特外型

草姿挺拔、外型獨特的玉簪
（Krossa Regal）。組合栽
種蕨類植物與薹草（Frosted
Curls），構成野趣十足又充
滿優雅氛圍的植栽。

3
以淫羊藿屬植物＆
療肺草妝點
春季遮陰庭園

淫羊藿屬植物中，葉形、新
葉顏色值得好好欣賞的種類
非常多。淫羊藿屬植物花謝
後，療肺草緊接著綻放淺紫
色花，妝點著春季遮陰庭
園。

搭配橐吾後整個植栽顯得更有層次

植栽空間只栽種綠葉植物，
易顯得太單調。加入葉色深
濃的銅葉橐吾後，構成重
點，產生截然不同的色彩變
化。

一年四季
都賞心悅目的落葉樹下

最適合栽種秋季至春季
期間生長的植物

建築物或常綠樹等遮擋成陰的場所，無論冬季或夏季，都一直處在遮陰狀態下。落葉樹形成遮陰的場所，秋末樹葉落盡後至春季期間，就處於陽光普照的狀態，這就是兩種場所的最大特徵。

自然界中廣泛存在著這種配合環境而呈現出生長週期的植物。例如：豬牙花、荷包牡丹等，早春至春季期間開花後，迅速地長出葉片，氣溫上升後，地上部分枯萎，進入休眠狀態。聖誕玫瑰、西班牙藍鈴花等，春季開花的秋植球根類，同樣是秋季至春季期間生長的植物。對這些植物而言，落葉樹下可說是再適合不過的環境。

組合栽種兩種類型的植物

對豬牙花等花期結束後萌發新芽，春季至秋季期間生長，適合種在遮陰場所的植物而言，夏季期間處於明亮遮陰狀態的落葉樹下是非常理想的環境。

善加利用此特徵，巧妙地組合栽種秋季至春季生長（冬季生長型），與春季至秋季生長（夏季生長型）的兩種類型植物，就能打造早春至夏季，乃至邁入秋季都充滿各季節變化的庭園。

重點是，植栽時於夏季生長型植株間，栽種冬季生長型植物。如此一來，早春率先開花的冬季生長型植物消失後，夏季生長型植物已經長出葉片，庭園植栽就不會形成空洞，季節植物交替過程也會更順利地完成。

JBP-T.Maki

組合栽種秋植球根類植物

組合栽種西班牙藍鈴花等秋植球根類植物時，將球根分散種在春季萌發新芽的多年生草本植物之間，球根類植物盡量聚集在一個區塊，開花後更壯觀。重點是跨越幾種多年生草本植物似地，種下相同種類的球根。欣賞球根花卉群集開花盛況後，夏季的多年生草本植物正好探出頭來，庭園景色又呈現出截然不同的變化。

圖為莢果蕨植株間栽種西班牙藍鈴花，花期進入尾聲時，莢果蕨茂盛生長的情形。

● 適合採用的球根類植物
花韭・葡萄風信子・大花雪花蓮・紫蘭・水仙（Tete a Tete）等。

落葉樹形成遮陰的場所，不同於建築物與常綠樹等遮擋成陰的場所，最大特徵為，秋末至春季期間呈現全日照狀態。
因此適合組合栽種秋季至春季期間生長的植物。

玉簪與風知草植株間
栽種聖誕玫瑰

聖誕玫瑰為常綠植物，生長期為秋季至春季。另一方面，玉簪與風知草生長期為春季至秋季期間。早春時節聖誕玫瑰開花時，還看不到玉簪與風知草蹤影，庭園成為聖誕玫瑰獨自表演的舞台。隨著季節更迭，聖誕玫瑰花期進入尾聲時，玉簪與風知草已經長出漂亮葉片。聖誕玫瑰的葉子直到夏季都還存在，但已進入休眠狀態，因此，即便被玉簪與風知草的葉片遮擋而處在遮陰處，也絕對沒問題。

善加利用
春季開花的種類

雪割草等早春至春季開花的草花，亦可於植栽時種在春天萌發新芽的夏季多年生草本植物之間。雪割草等植物的葉子，直到夏季都還存在，但植株低矮，花後並不會太顯眼，對夏季多年生草本植物不會造成任何影響。不過，若被其他植物的葉片整個覆蓋住，就很容易影響生長，因此建議配置在能夠稍微照射到光線的場所。圖為4月至5月期間開花的Phlox divaricata。植栽時旁邊栽種玉簪等植物，花後的葉還存在也不會太顯眼。

適合採用的球根類植物
蔓花忍（Phlox Stolonifera）·
心葉牛舌草·療肺草等。

一年四季都賞心悅目的落葉樹下

植栽計畫

秋末至春季期間,落葉樹下
呈現全日照狀態。因此適合
採用秋季至春季生長,早春
至春季期間開花的植物,或
雪割草等植物。組合栽種夏
季耐陰植物,就能打造一年
四季都賞心悅目的庭園。

春季

植物萌發新芽的季節,玉
簪、風知草等開始鑽出地面
探出頭來的時期,黃花種豬
牙花、雪割草、西班牙藍鈴
花等植物陸續開花。

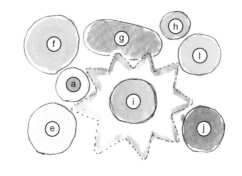

黃花種豬牙花(a)春天開
花,一個月左右後地上部分
枯萎。植栽時玉簪(i)旁
邊栽種黃花種豬牙花,玉簪
長出碩大葉片後取而代之,
庭園植栽就不會形成空洞。

春季的落葉樹下花壇，喜愛這種環境的西伯利亞藍鐘花、雪光花、葡萄風信子等，小球根類植物與報春花競相綻放。旁邊的玉簪已經長出葉子，準備接棒成為下一任主角。

初夏

早春至春季期間開花的大部分植物，地上部分漸漸枯萎，生長期為夏季的耐陰植物茂盛生長，庭園景色呈現截然不同的變化。

適合落葉樹下栽種的植物

- ⓐ 黃花種豬牙花
- ⓑ 西班牙藍鈴花
- ⓒ 聖誕玫瑰
- ⓓ 雪割草

夏季的耐陰植物

- ⓔ 淫羊藿（Sulphureum）
- ⓕ 澤繡球（九重山）
- ⓖ 泡盛草
- ⓗ 德國鈴蘭
- ⓘ 玉簪（Snow Cap）
- ⓙ 療肺草
- ⓚ 心葉牛舌草
- ⓛ 喬木繡球（Annabelle）
- ⓜ 攀根（Lime Rickey）
- ⓝ 風知草（All Gold）
- ⓞ 玉簪（Elegans）
- ⓟ 槭葉蚊子草

一年四季都賞心悅目的落葉樹下

早春至夏季，乃至邁入秋季

| 早春 | 聖誕玫瑰與
早春小花
為庭園的主角 | 春季 | 萌發新芽後
庭園裡
越來越熱鬧 |

3月下旬，在還充滿冬枯景象的庭園裡，沐浴著早春陽光，綻放著可愛花朵的雪割草。夏季被其他植物淹沒，幾乎被遺忘，但每一年，一到了這個時期，還是不畏寒冷地再度開花。

4月中旬，聖誕玫瑰花期進入尾聲，療肺草抽出花莖，開始綻放紫色花。從早春的花，到春天的花，接棒似地陸續開花。

4月下旬，剛長出嫩綠新葉的莢果蕨旁，心葉牛舌草陸續開花。轉眼間，迎接盛夏季節到來的植物，已經長出碩大葉片，庭園主角順利接棒。

落葉樹形成遮陰的場所，
組合栽種不同生長類型的植物，
就能構成隨四季更迭而變化的庭園植栽。
一起來看看庭園裡的四季精采故事吧！

初夏

明亮遮陰處
充滿寧靜氛圍的
庭園景色

6月，夏季植物枝葉旺盛生長，庭園樣貌完全改觀。從多采多姿的葉片之間抽出，挺立修長的泡盛草花穗成為庭園的觀賞重點。種在玉簪與風知草之間，剛剛卸下主角重任的聖誕玫瑰，幾乎看不到蹤影。

秋

落幕時分
植物盡情地釋放
最後一道光彩

11月中旬，楓樹與風知草轉變顏色，長達10個月，重複著相同戲碼的耐陰植物共同演出即將落幕。不過，再過2個月，聖誕玫瑰就會再度開花，揭開嶄新的劇目。

打造更優雅漂亮的遮陰庭園

從庭園環境整頓方法，到擬訂植栽計畫、
植物的組合栽種訣竅、栽種後觀察方法等，
本章中對於打造更優雅漂亮遮陰庭園的方法，
將有更詳細的解說。

耐陰植物長年以來自生於落葉堆積的鬆軟土地上。土壤表面也覆蓋著厚厚的天然腐葉土。

以土壤改良＆覆蓋改善植栽環境

耐陰植物的自生環境

庭園環境不管呈現全日照或遮陰狀態，土壤改良（土壤處理）都是打造庭園植栽的重要作業之一。深入了解耐陰植物原來的生長環境，就知道遮陰庭園的土壤處理作業是多麼地重要。

耐陰植物在自然界中的生長環境通常是樹林、森林及周邊場所。這些場所長年堆積落葉，因此土質鬆軟，富含有機成分。這種土壤保水性絕佳，同時又能排放掉多餘的水分，表面上還覆蓋著厚厚的腐葉土，因此，即便夏季也濕度適中，地溫不會上升。

初次闢建庭園的場所必須更確實地進行土壤改良

反之，耐陰植物最難以忍受有機成分低、易乾燥又硬梆梆的土壤，與地溫易上升的環境。耐陰植物種在這種環境最容易引發葉燒現象。

庭園環境盡量接近自生環境，耐陰植物就會健康地生長。尤其是初次闢建庭園、土壤為黏土質的場所，這些場所通常都缺乏有機成分，保水、排水性也比較差，因此請耕入腐葉土等，確實完成土壤改良吧！

效果卓著的覆蓋作業

打造遮陰庭園時，重要性不輸土壤改良的是，以腐葉土等覆蓋土壤表面的覆蓋作業。盡量覆蓋厚一點，至少覆蓋5cm以上，地溫就會下降，又能適度地確保濕度，夏季期間植物也比較不會損傷。同時，抑制雜草生長的效果也相當好。

庭園裡的土壤表面覆蓋厚厚的腐葉土等。覆蓋腐葉土還可為土壤補充有機成分。

土壤改良方法

介紹未曾闢建過庭園的場所、黏土質場所的土壤改良方法。可均勻地混入有機物質至相當深度。栽種草花時，土壤改良深度達30cm即可。建議使用確實處理成熟的有機腐葉土。

發現樹根時立即切除。

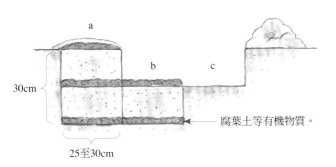

腐葉土等有機物質。

一邊依序挖掘深溝，一邊加入3層有機物質。完成這項作業後，最後翻耕整體時，可以更均勻地混入有機物質。

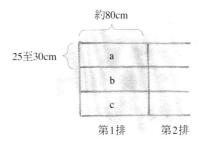

約80cm

25至30cm

a
b
c

第1排　　　第2排

一次挖掘整體很辛苦，移動土壤也困難，因此先區分出長約80cm的範圍。完成第1排後挖掘第2排，依序完成處理作業。a挖出的土壤可倒回同一排的最後一個溝（圖中為c）。

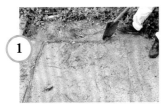

① 挖掘土壤位置先作記號。區分成長約80cm範圍，更方便作業。

② 沿著記號挖掘寬25cm至30cm的溝a。發現石塊或垃圾時立即清除。

③ 一邊以捲尺等確認溝深，一邊挖掘至30cm左右深度。挖出的土壤則裝入獨輪推車。

④ 溝a底部鋪放厚約5cm的有機物質。

⑤ 由溝a開始作記號，畫出25至30cm範圍後，沿著記號挖掘溝b，挖出土壤倒入溝a。

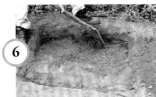

⑥ 溝a填滿至一半深度後，鏟平土壤。

⑦ 溝a再加入厚約5cm的有機物質。

⑧ 一邊繼續挖掘溝b，一邊填滿溝a。

⑨ 溝a幾乎填滿後，加入厚約5cm的有機物質。

⑩ 繼續挖掘溝b，挖出的土壤覆蓋在有機物質上。

⑪ 確認溝b已挖掘至深30cm左右後，重複步驟（4）至（11）。

⑫ 整體加入有機物質後，以圓鍬等工具翻耕土壤，將有機物質耕入土壤裡。

利用樹木控制陽光

疏剪枝條使環境顯得更明亮

樹木栽培長大後,重疊長出好幾層枝條,環境變暗,開花狀況變差。這時候,必須適度地進行疏剪以減少枝數。

常綠樹以葉色深綠的種類佔多數,腳下地帶易顯得太陰暗。適度地針對重疊或往異常方向生長的枝條進行疏剪吧!

訣竅是由枝條基部修剪不必要枝條,避免任意修剪。一邊確保自然樹形,一邊縮小植株,即可使遮陰場所顯得更明亮。

樹木混雜生長時必須考慮砍伐

植株過多、生長太茂密時,毅然決然地砍掉樹木也是方法之一。樹木混雜生長時任意修剪枝條,樹木長得歪七扭八的情形很常見。出現這種情形時,乾脆減少株數,讓每一根枝條更健康地生長,反而比較美觀,而且還可減少修剪次數與修剪枝條的分量,維護整理更輕鬆。樹木長出修長枝條後,形成的遮陰範圍更廣,有助於耐陰植物生長。

枝條的修剪方法

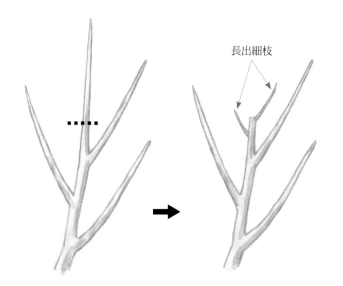

長出細枝

發現不必要枝條時,由枝條中途修剪,反而會增加枝數,易長出粗細不自然的枝條,嚴重影響樹形,甚至影響通風,引發病蟲害。

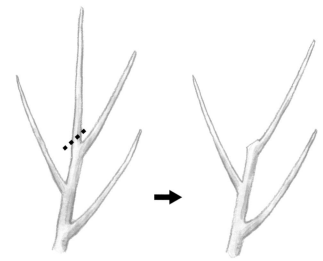

由枝條基部(分枝部位)修剪,就能順利地疏剪枝條,又不會影響樹形。

栽種落葉樹以形成遮陰狀態

照射到強烈直射陽光的場所，栽種落葉樹，就會形成遮陰狀態。適合當作庭園樹木又容易維護整理的是圖鑑等資料中介紹，株高約10m至20m的植物。栽種高度超過這個範圍的植物時，後續維護整理不容易，因此建議避免採用。

自然界中生長的落葉樹，植株基部通常都覆蓋著落葉。庭園栽種時，種在富含有機成分，可防止土壤太乾燥與地溫上升的土壤，再以腐葉土等覆蓋土壤表面吧！為了環境整潔而打掃植株基部，掃掉落葉，其實是破壞樹木的生長環境。將落葉留在土壤裡，打造庭園時，以此為前提吧！

落葉樹植株基部一帶栽種淫羊藿、岩白菜、十大功勞、地中海莢蒾、火龍果等耐乾燥能力強的植物，即可避免陽光直接照射到植株基部，達到覆蓋土壤表面的相同效果。

適合栽種以形成遮陰的落葉樹

加拿大唐棣的同類

● 株高：4m至8m
● 株寬：4m至8m

適合作為庭園象徵樹的植物。與染井吉野櫻幾乎相同時期，枝條上開滿白花。6月，枝條上掛著成熟後轉變成紫紅色，可生吃的果實，秋末，葉片轉變成漂亮的紫紅色。體質強健，容易栽培的植物。

紫薇

● 株高：4m至8m
● 株寬：3m至6m

不在乎酷暑與乾燥，體質強健，盛夏季節開花類型花木。枝條強剪後，抽出徒長枝，長出碩大花穗。自然樹形當然也會開花，但花穗較小，充滿自然意趣。

四照花

● 株高：5m至10m
● 株寬：5m至10m

枝條往斜上方生長，樹形獨特，植株旺盛生長。6月左右開出大片白色總苞的耀眼花朵，秋天結果可生吃。紅葉也值得欣賞。不喜歡極度乾燥的環境，日本自生種具耐暑性，容易栽培。

落霜紅

● 株高：3m
● 株寬：2m

由地面長出好幾根樹幹的叢生型落葉灌木。花不耀眼，但秋季結小巧紅色果實，落葉後依然掛在枝頭上，可長時間欣賞。基本上，體質強健，但種在強烈西曬場所時，需覆蓋保護植株基部。

適合採用的植物 | ● 野茉莉 ● 金縷梅屬植物 ● 楓屬植物（日本楓・羽扇楓）
● 山紫莖 ● 日本紫莖 ● 紅葉李等。

擬訂植栽計畫

不管挑選多麼適合遮陰類型環境栽種的植物，挑選後若任意栽種，當然無法打造美麗的庭園。綜觀庭園整體情況，一邊思考各季節組合方式，一邊擬訂植栽計畫吧！已經關建庭園時，必須仔細地觀察庭園，必要時重新擬訂植栽計畫，依照計畫改種植物。

本單元中介紹的是確實了解庭園遮陰類型後擬訂植栽計畫的方法。

擬訂植栽計畫的方法

了解庭園的空間大小

深入了解植栽空間大小。適合庭園採用的植物與樹木，取決於庭園的空間大小。庭園空間夠寬敞，即可以植株高挑的樹木構成兼具象徵樹作用的植栽背景。

構成綠色背景

確定庭園裡是否有區隔建地的磚牆、電桿、室外機等，不想外露、希望隱藏的設施。有則配置構成植栽背景的植物，適度地遮擋。無法確實覆蓋整體時，至少設法遮擋以免太顯眼，就能營造庭園整體感。

以綠色植物為花的背景，看起來更自然。空間許可時，配置植栽背景植物，除落葉種外，搭配常綠植物，以便邁入冬季後，庭園依然充滿綠意。

配置關鍵植物

通往玄關的入口通道等，希望隨時維持漂亮狀態、構成庭園Focal point（視線焦點）之類的場所，建議配置體質強健、容易栽培的關鍵植物。 →56

	1	2	3	4	5	6	7	8	9	10	11	12
背景												
草莓樹（常綠）									果實	花		
中景												
紫露草（金黃色葉）				葉 花								
玉簪（Aphrodite）				葉			花					
紫斑風鈴草					花							
前景												
岩白菜	花					葉					紅葉	
日本蹄蓋蕨				葉								

製作觀賞期一覽表，就能清楚看出一整年的庭園植栽情況。「這個時期顯得太荒涼，該增加哪些植物呢？」出現這個念頭時，腦海中立即浮現創意構想。

4 考慮組合栽種中景・前景植物

一邊思考庭園空間大小，一邊由植栽空間的後方朝著前方，依序組合栽種中景、前景植物，栽種成越往前方植株越低的狀態。充分考量季節變化後組合栽種，關鍵植物周圍顯得更精采。

以初夏組合為重點考量

先針對耐陰植物最熱鬧繽紛的初夏（6月至7月），思考組合栽種方式。

● 針對同時期開花的花色，思考組合栽種方式。

● 組合栽種不同葉色的植物。→P.58

● 組合栽種不同形狀（草姿）、紋理（質感）的植物。→P.60

針對秋季至秋末適度地調整植栽

秋季至秋末（9月至11月）期間，以初夏為重點考量的組合栽種方式，會出現什麼變化呢？充分考量此問題，必要時追加植物。

● 彩葉與斑葉植物較少，以綠葉植物占絕大多數，庭園裡也看不到花時，加入秋季開花植物。

● 庭園裡栽種漂亮紅葉植物時，配合加入紅葉植物，秋季庭園景色更繽紛。

考量冬季庭園樣貌

以落葉植物地上部分枯萎，充滿荒涼感的冬季庭園為重點考量。

● 並排2、3種落葉植物，株間栽種常綠植物，邁入冬季後庭園也不荒涼。

● 適合構成背景的落葉植物中，不乏樹皮、枝條漂亮的植物，都是妝點冬季庭園的絕佳素材，建議考慮採用。

以早春為重點考量

妝點初夏庭園的多年生草本植物長出葉片前（3月至4月上旬）的樣貌也充分考量。

● 庭園裡有適合栽培早春開花植物、秋植球根植物的環境時，組合栽種這類植物。

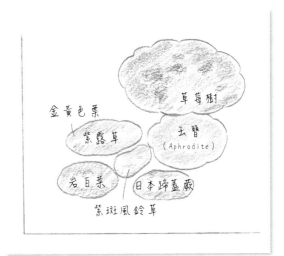

利用關鍵植物

兼具強健體質與魅力的植物

栽培植物過程中一定會發現到，不需要特別維護整理或澆水，依然健康地生長，也不會罹患病蟲害，每年都確實地展現漂亮姿態的種類吧！若能繼續發現葉色、草姿、紋理質感等各具特色，魅力十足，觀賞期間更長的植物，那就更加理想。

以這類植物為庭園植栽關鍵植物，種在最吸引目光的玄關處、庭園裡的Focal point（聚集視線的場所。最精采場面）等場所，就不太需要費心維護整理，隨時都能欣賞美麗狀態。

將關鍵植物置於植栽中心、配置在其他纖細脆弱植物周圍，夏季期間不管環境多嚴峻，即便周圍植物損傷，庭園也不會出現太大的變化。

關鍵植物的尋找方法

適合當作關鍵植物的種類，因溫帶與寒帶等地區特性而不同。即便種在相同的地區，還是可能因為環境上的些微差異，出現有些植物長得很健康，有些植物無法生長的情形。

自家庭園廣泛栽種各種植物後，找出能夠健康地生長的植物，這就是最確實的尋找方法。住家附近常見植物，就是最適合周邊環境栽種的植物，這種機率相當高。

最具代表性的關鍵植物——玉簪

日本國土遼闊，玉簪就是非常適合各地區栽種的植物。玉簪是源自於日本的耐陰植物，品種豐富多元，葉色與葉片大小等變化也多樣，其中不乏開花後飄香，魅力十足的種類。玉簪是自生於日本關東與關西地區都市近郊山野的植物，因此耐暑能力也很強，是溫帶至寒帶遮陰庭園最活躍的關鍵植物。

以玉簪為關鍵植物時，建議選用大型品種。種在庭園裡就能吸引目光。面積狹小的庭園，與其組合栽種好幾種小型種植物，不如配置大型植物，周圍組合栽種小型植物，更容易營造出縱深感，打造表情更精采豐富的庭園。

適合溫帶地區作為關鍵植物的種類

玉簪

繡球屬植物

風知草

秋牡丹的同類

H.Imai

S.Tsukie

希望隨時
維持漂亮狀態的場所

不需要特別地維護整理，隨時都能欣賞漂亮姿態，因此很適合入口通道或玄關等，容易吸引目光的場所栽種。圖為風知草。春季至秋季，可長時間成為觀賞焦點。

構成植栽中心

植栽中心配置關鍵植物，周圍栽種開花時魅力十足、開花後缺乏魅力的植物。開花後視線都投注到關鍵植物上，因此不會注意到開花後姿態。圖中組合栽種玉簪與紫斑風鈴草。搭配槭葉蚊子草也很經典。

JBP-H.lmai

JBP-H.lmai

構成花少時期的
植栽中心

夏末至秋季為花少時期。每年都能確實開出甜美可愛花朵的秋牡丹，是這個時期最難能可貴的植物。組合栽種紫菀屬植物（圖）與油點草，秋季遮陰庭園就會有更完美的演出。

構成庭園的觀賞重點

關鍵植物體質強健，因此可安心地用於構成觀賞重點或視線焦點。圖為栽培長大的玉簪（寒河江）。種在樹木腳邊，整座庭園顯得更協調、有層次。

巧妙運用葉色差異

為遮陰庭園營造華麗感＆增添變化

　　遮陰庭園的花變化，不像全日照庭園那麼多采多姿，因此，葉色也是庭園營造華麗感與增添變化的重要因素。積極採用彩葉植物與斑葉植物，就能實現夢想，打造富有變化的遮陰庭園。而且，這類植物通常照射直射陽光就很容易出現葉燒現象，因此遮陰庭園可說是這類植物的絕佳生長場所。

　　但，環境太陰暗時，有些植物可能無法呈現漂亮葉色或出現葉斑模糊等現象。因此，仔細觀察植物狀況後採用吧！

重點使用

　　使用彩葉植物時，盡量避免同時使用太多顏色的植物。將彩葉植物配置在綠葉植物之中，才能襯托出繽紛色彩，形成觀賞重點。狹小場所更應減少搭配色數。使用太多顏色的植物，無法打造沉穩溫馨的庭園，需留意。

　　斑葉植物除了葉色之外，還有葉斑，更容易顯得雜亂，應避免並排配置，建議於綠葉植物之中重點採用。

S.Tsukie

深紫色葉將綠色葉襯托得更明亮

金葉龍芽草、斑葉玉竹、紫葉品種礬根的組合。色彩運用過度時，難以構成沉穩溫馨設計，但黃綠色與綠色為類似色系，因此不會顯得太突兀。深紫色葉將綠色葉襯托得更明亮。

重點使用斑葉植物

覆蓋地面的深綠色沿階草與
紫金牛，加入白斑種斑葉羊
角芹後，庭園頓時充滿明亮
氛圍。綠葉植物中重點使用
斑葉植物的襯托效果最好。

黃色系葉搭配藍色花

組合栽種黃色系葉的玉簪
（Fried Bananas），與整個
葉片布滿散斑的澤繡球（九
重山）。喜愛生長環境相
同，帶黃葉色與藍色繡球
花，構成絕妙的色彩對比。

配置在綠葉叢中
而顯得格外耀眼的銀葉

一大片綠葉植物中，配置個
性十足的銀葉種日本蹄蓋
蕨。日本蹄蓋蕨顯得特別突
出，構成層次分明的植栽。

橙色與黃色組合

橙色葉礬根與黃色葉過路黃
的組合。橙色與黃色為類似
色，成功機率很高的組合。
搭配深綠色葉植物，即可使
遮陰庭園顯得更明亮，將庭
園妝點得更繽紛。

善加利用形狀或紋理質感差異

欣賞草姿的植物

　　植物中不乏形狀（草姿）本身就能成為觀賞對象的種類，莢果蕨就是其中之一，蕨類植物不開花，但長出葉片時狀似噴泉，優美姿態深受喜愛，日本自古就栽培觀賞至今。

　　薹屬植物與風知草也一樣，花朵平凡不具觀賞價值，卻因獨特草姿而成為廣受喜愛的植物。

植物本身特質也值得關注

　　Texture一詞意思為「質感（紋理）」，表示植物各部位蘊釀出來，人們由視覺上、觸覺上感受到的氛圍，例如：大吳風草葉片碩大渾圓，具光澤感，感覺「粗糙」或「光滑」。掌葉鐵線蕨接連長出細小葉片，充滿「纖細」、「柔美」感覺。

　　組合栽種植物時，留意草姿、形狀與紋理質感吧！組合栽種大吳風草與掌葉鐵線蕨等不同草姿、紋理質感的植物，就能構成更富於變化的植栽，打造更有深度的空間。

輕盈飄逸的細長葉＆柔美優雅的圓形花

為初夏庭園增添涼意的澤繡球（白扇）與金風知草組合。金風知草的草姿與渾圓的繡球花，構成鮮明對比，但因柔美質感而顯得很協調。

以圓葉＆細長葉構成絕妙對比

黃螢斑（狀似葉上停著螢火蟲）、大吳風草（天星）與斑葉紫蘭的組合。大吳風草的碩大渾圓葉片，與紫蘭縱向延伸的細長葉片形成絕妙對比，因此，只是採用不同葉形的植物，也能構成富於變化的植栽。

推薦採用的組合

喜愛相同環境條件，顏色、形態、紋理質感搭配性絕倫。組合栽種這些植物絕對不會錯！本單元中介紹的都是這麼絕妙的組合，積極地納入庭園吧！

紫葉礬根
＋
玫瑰色泡盛草

紫葉礬根具備襯托花的效果，尤其是搭配玫瑰色泡盛草，因為色系相近而搭配性絕佳。推薦「明亮遮陰」場所採用的組合。

黃葉玉簪
＋
白色泡盛草

圓葉玉簪與花莖挺立、花朵輕盈的泡盛草組合，「明亮遮陰」庭園的基本組合。黃色與白色的配色，可將初夏遮陰庭園妝點得更清新舒爽。

白色紫斑風鈴草
＋
日本蹄蓋蕨

以呈現細緻葉裂狀態、表情豐富的蕨類葉片，襯托形狀與顏色清新素雅的紫斑風鈴草。野趣十足又充滿高雅氛圍的組合。適合「明亮遮陰」至「半遮陰 上午照射」場所採用。

小鳶尾
＋
琥珀色礬根

5月，礬根的琥珀色葉片，與小鳶尾的淺紫色花，形成絕妙色彩對比。由草姿小巧的植物構成，因此，狹小庭園也適合組合栽種。適合「明亮遮陰」場所採用。

利用一・二年生草本植物

加入具耐陰性的一年生草本植物

多年生草本植物或花木，開花期間通常都很短，可能因季節而突然中斷開花，使庭園顯得很荒涼。這時候，利用花期較長的一、二年生草本植物也是不錯的方法。全日照一年生草本植物，通常比較喜歡全日照環境，但非洲鳳仙花種在稍微遮陰的場所，邁入夏季後，植株比較不會損傷，容易維持美麗狀態，從春末到秋季都能賞花。初夏季節以獨特草姿開花的二年生草本植物毛地黃也具耐陰性，種在半遮陰環境就能健康地生長。

秋末至春季也加入全日照的一年生草本植物

秋季至春季期間處於全日照狀態的落葉樹下，適合栽種生長期為這個時期的秋播一年生草本植物，尤其是草姿柔美，充滿野趣的香菫菜與勿忘草（勿忘我）等植物，落葉樹下植栽採用時，也不會呈現違合感，而且還具備些微耐陰性。

秋末至春季期間，夏季生長的多年生草本植物地上部分枯萎，漸漸地進入休眠狀態，庭園易呈現荒涼景象。像栽種秋植球根植物般，於多年生草本植物的植株間（參照P.44），栽種香菫菜等植物，多年生草本植物再度萌發新芽的春季來臨前，就會幫忙妝點庭園。

JBP-T.Maki

JBP-M.Takeda

處於遮陰環境的小植栽空間，加入非洲鳳仙花與秋海棠的組合情形。礬根與玉簪為主，熱鬧繽紛的植栽。

落葉樹下，秋末至春季呈現全日照狀態的場所。聖誕玫瑰與原種仙客來，加入一年生草本植物香菫菜與喜林草（粉蝶花）後，一起妝點著庭園。

栽種植物後必須持續地觀察

觀察植物就能提昇打造庭園的實力

種下植物後，「就等著欣賞囉！」千萬不能抱持著這種想法。栽培過程中，仔細地觀察植物的生長狀況，就會越來越了解植物，知道自家庭園適合栽種哪些植物，知道接下來該作哪些事情。透過經驗的累積，就能實現夢想，順利地打造風格獨特的美麗庭園。

目前栽培的植物，適合種在目前的庭園環境嗎？先確認看看吧！

植物確實呈現出漂亮葉色嗎？

斑葉植物與彩葉植物的葉色，會隨著光線照射條件而轉變，其中以黃色葉斑植物與彩葉植物的變化最明顯，種在光線越明亮的場所顏色就越鮮豔。環境太陰暗時，可能出現葉斑模糊或葉片恢復綠色等現象，因此建議仔細地確認。但植物本身特性也會伴隨著肥料、氣溫之影響或季節變化而轉變顏色。

葉片變成茶色嗎？

初春時節呈現漂亮葉色，氣溫上升後，葉緣開始轉變成茶色或褐色，很可能是照射到夏季強烈直射陽光，葉片出現葉燒現象或土壤太乾燥而受損。這時候，除覆蓋土壤以避免陽光過度照射，太乾燥時適度澆水，適時地謀求因應對策外，仔細確認是否照射到直射陽光吧！

盛夏時節落葉樹的葉片像紅葉般轉變顏色時，應該是土壤太乾燥。充分地澆水或覆蓋土壤，以避免土壤太乾燥或地溫上升吧！

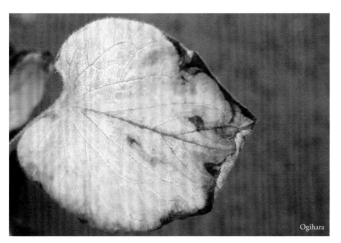

出現葉燒現象，葉緣轉變成茶色的心葉牛舌草。

出現葉燒現象，葉色褪色的玉簪。

遮陰庭園改造實例

本單元將以某處庭園改造計畫為題材，
介紹遮陰庭園的改造過程。
從解決問題的方法，到植物的栽種方法，
篇幅中介紹有助於實現夢想，
完成舒適遮陰庭園的寶貴資訊，
敬請參考。

改造成維護整理更輕鬆的庭園

改造前庭園狀態

位於都市近郊住宅區內的獨棟透天建築，周圍環繞著住宅的細長空間。庭園位於住宅北側，與鄰居建地接壤，但鄰居建地東半區域闢建寬敞庭園，因此可期待間接光。庭園後方（東側）有一堵高5m的擋土牆，遮擋住陽光。

據說是改造案委託人的父親為了孫子栽種的樹木，經過多年的栽培，長得高大又茂盛，庭園變得陰暗無比。樹木隨意生長時，未能適時、適度地修剪而出現雜亂樹形，也成為煩惱主因。

土壤部分太多，隨著年歲的增長，對享受庭園樂趣的委託人而言，庭園維護整理成了重大負擔。

改善方向性

以今後還是會繼續成長，維護整理最辛苦的喬木類植物為主，減少樹木的數量，決定改造成明亮遮陰環境。

長久以來必須撥開雜草或樹枝才能通行的庭園中央地帶，設置寬廣鋪石通道，除了庭園維護整理更容易外，更方便欣賞每一株植物。最重要部分為規劃高設花壇，對勞動膝蓋不是很放心的委託人，不需要再彎腰屈膝整理庭園，可更輕鬆愉快地享受庭園植栽樂趣。

植栽時挑選耐暑性強，放任也健康生長的植物，周延考量，希望改造成每個季節都能盡情地賞花的遮陰庭園。

Before

由庭園後方（東側）看向西
側時景況。樹木茂密生長，
大費周章才能在庭園裡行走
的狀態。10年前栽種的山茱
萸也阻擋了通道。

After

樹木圍繞的空間，中央鋪設
通道後以砂岩鋪面，更方便
在庭園裡行走。活用原本就
種在庭園裡的灌木類植物，
通道一側規劃成植栽空間，
栽種植物以不需要維護整理
的多年生草本植物為主。另
一側設置高設花壇，栽種需
要維護整理的蔬菜或香草類
植物。

庭園改造整修過程

砍伐・修剪 遷移樹木	以長得太高大、阻礙庭園的樹木為主，進行砍伐。保留的樹木視狀況需要進行修剪以恢復漂亮樹形。需要遷移的樹木則進行移植。

清除殘留樹根	砍伐樹木後清除殘留樹根，以免影響庭園改造與植栽作業之進行。徒手作業耗時費力，可使用挖土機協助。

整地	清除石塊、雜草與小竹根部等雜物後，鏟平土壤，進行整地。落葉長期堆積，土壤狀況不錯，不需要進行土壤改良。需要土壤改良時，植栽部分耕入有機物質。

通道施工	通道部分灌入混凝土後，路面鋪設石板。

設置高設花壇	堆積水泥塊，構成高設花壇後，加入混合腐葉土的栽培用土。

將植物種入 植栽空間	鏟平植栽空間的土壤，依據設計規劃，配置植物後栽種。栽種後充分澆水，覆蓋腐葉土。

通道鋪放木屑	石板鋪面的通道盡頭鋪放木屑，完成充滿大自然氛圍的庭園小徑。

Before

庭園最後方的東側空間。圖
中右側，種在住宅前的水杉
長成大樹後，這一帶顯得很
陰暗。此圖為砍除水杉，改
造成明亮遮陰環境後拍攝。

After

明確區分通道與植栽空間，
改造成既方便行走，又容易
維護整理的庭園。石板鋪面
的通道盡頭鋪放木屑，營造
大自然氛圍。防止雜草生長
的效果也值得期待。

改造要點

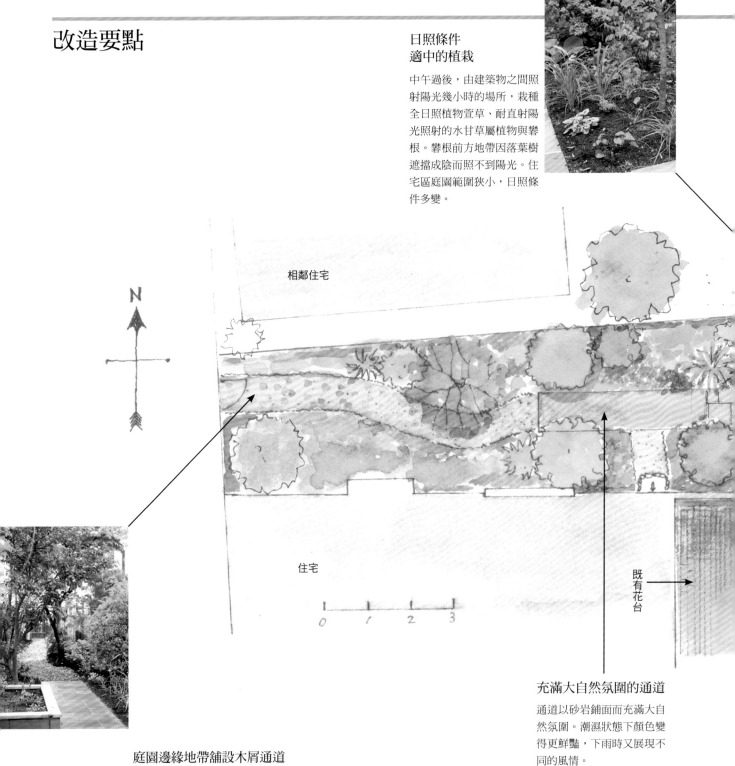

**日照條件
適中的植栽**

中午過後，由建築物之間照
射陽光幾小時的場所，栽種
全日照植物萱草、耐直射陽
光照射的水甘草屬植物與攀
根。攀根前方地帶因落葉樹
遮擋成陰而照不到陽光。住
宅區庭園範圍狹小，日照條
件多變。

相鄰住宅

N

住宅

0　1　2　3

既有花台

充滿大自然氛圍的通道

通道以砂岩鋪面而充滿大自
然氛圍。潮濕狀態下顏色變
得更鮮豔，下雨時又展現不
同的風情。

庭園邊緣地帶舖設木屑通道

庭園邊緣地帶使用頻率較
低，因此舖設木屑通道，也
營造步入森林的氛圍。

移植影響通行的樹木

位於闢建通道範圍內的山茱萸。原本考慮整株砍除，但因樹形自然，枝條形狀漂亮，決定移植到建築物旁，作為庭園象徵樹。

庭園小露台

石板鋪面的通道盡頭，闢建小露台，作為家人們輕鬆眺望庭園景色與休憩的場所。

木屑鋪面的通道

移植的山茱萸

栽種不需要費心維護整理的植物

左起：風知草、泡盛草、聖誕玫瑰、寬葉薹草、葉薊。植栽時選用體質強健、放任不管也能健康生長的植物。

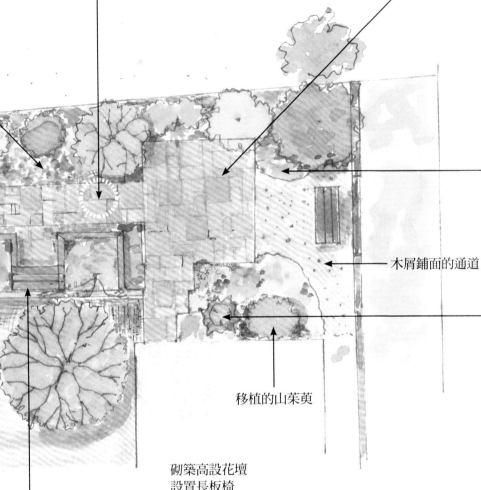

砌築高設花壇設置長板椅

配合住宅外牆的水泥磚牆設計，以水泥磚砌築高設花壇。以檜木板為花壇邊緣鋪面與連結兩座花壇的長條椅，營造自然氛圍，靠近通道部分栽種放任不管也能健康生長的長生百里香，以緩和水泥設施的冷硬印象。

砍除使庭園變陰暗的大樹

砍除長成大樹的水杉，住宅周邊頓時呈現明亮遮陰狀態。砍伐後保留植株基部成為最自然的庭園裝置。周圍栽種玉簪、淫羊藿、風知草等，營造充滿野趣的氛圍。

栽種方法

連同栽培盆一起配置後，確認整體協調狀態。

植株需間隔多少距離？

株高1m以下的草本植物與木本植物比較容易移植改種，預估2、3年後株寬，以小一點的間距種下植株。栽種後植株緊緊地依偎在一起，雖然比較美觀，但第二年就會顯得很雜亂。

從花盆裡取出植株。種在塑膠花盆，不容易取出時，以手掌壓住植株後倒扣花盆，以硬物敲打一下盆緣，即可順利取出。

如何處理根盆？

植物透過根部尾端吸收養分與水分，該部分受損時，吸收養分與水分的能力減弱，就會影響植物的生長。因此花盆裡未布滿根部時，可直接栽種，布滿根部時，必須輕輕地鬆開根盆。

根盆呈現這種狀態時，直接栽種。

挖掘略大於根盆的植栽孔。擺好植株，確認根盆上面高度。

確認根盆上面與土壤表面為相同高度後，將土壤撥入植栽孔底部以調節高度。

栽種後，由左右往植株方向撥土，促使根盆與庭園土壤緊密結合。避免由上往下按壓。

鋪平土壤表面後，形成淺淺的集水坑，種入所有植株後，充分澆水。

覆蓋腐葉土，即可避免地溫上升、土壤太乾燥及抑制雜草生長。

植株接觸覆蓋素材時易腐爛，覆蓋時稍微遠離植株基部。

栽種後情形

適合栽種的時期

溫帶地區建議秋植（10月至11月）。秋季栽種後稍微長出根部，隔年夏季為止的根部生長狀況更好，可增強植株的耐暑能力。下霜不嚴重的地區，即便寒冬也可栽種。栽種後確實完成覆蓋，確保地溫以促進根部生長。

寒帶地區適合春植，栽種後覆蓋，根部會更早長出。

樹木的栽種方法

植栽時盡量挑選花盆裡未布滿根部的盆植苗。花盆裡布滿根部時，根部無法往四面八方生長，植株易倒伏，又無法充分地吸收養分與水分，嚴重影響植物生長。

栽種後通常不會輕易地移植，因此必須充分考量5年、10年後的姿態與植株大小，慎重地決定栽種場所。栽種時仔細觀察枝葉生長狀態，決定植株的方向。

栽種後形成集水坑，充分澆水，覆蓋土壤表面吧！栽種後的第一個夏天，樹木尚未確實地長出根部，適當地澆水以避免缺水。

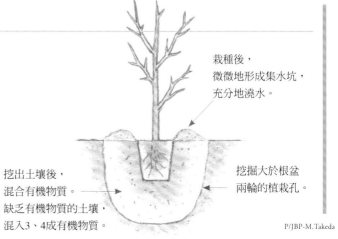

栽種後，
微微地形成集水坑，
充分地澆水。

挖出土壤後，
混合有機物質。
缺乏有機物質的土壤，
混入3、4成有機物質。

挖掘大於根盆兩輪的植栽孔。

連香樹下的
遮陰庭園

聳立在公園一角的高大連香樹。
樹下是一大片隨著季節更迭，
植物接棒似地繽紛綻放，充滿自然氛圍的遮陰庭園。
透過本單元一起來看看這處庭園由春季邁入夏季的種種變化吧！

4月上旬

連香樹剛萌發新芽，樹下庭園陽光普照。早春時節就持續開花的聖誕玫瑰，加上白頭翁、葡萄風信子、報春花、水仙等春花，整座庭園充滿著溫馨華麗氛圍。

嬌嫩鮮綠的聖誕玫瑰葉。
後方的歐洲報春花開出色
澤優美的乳白色花，百合
花也開始萌發新芽。

葡萄風信子周圍的夏季多
年生草本植物開始萌發
新芽。長出紅色芽的是
Lysimachia ciliata。

打造自然風庭園的訣竅

　　打造這座庭園的概念是「希望打造一處
不需要花太多心思維護整理，就能夠欣賞充滿
四季變化之美的自然庭園。」接下來請負責植
栽部分的長谷川陽子來談談這座庭園的植栽訣
竅。

　　最重要的是挑選適合植栽環境栽種的植
物。栽種後觀察，發現無法健康地生長的植
物，不必勉強栽培。反
之，喜愛全日照的植物
中，不乏隨意草等植物
般，種在這裡就生氣盎
然地生長的種類。植物
種在適合的環境時，種
子或地下莖等就會自然
地繁殖生長。有助於打
造充滿自然氛圍的庭
園。

　　但植物過度繁衍
因而影響其他植物生
長，或過度聚集生長而
失去協調美感時，必須
進行分株，移植到別的
場所或拔除。植物結種
子後，可動手幫忙，將
種子撒在空曠場所或需要該植物的場所。

色澤柔美的黃綠色玉簪萌
發新芽。隨著季節進展，
長成碩大葉片。

　　這是自然風庭園，因此並未針對植物決定
栽種場所。但適時適所地配置聖誕玫瑰、玉簪
等，草姿別於其他植物、植栽核心植物，使植
栽整體顯得更凝聚。花色部分以白色為主，基
本上以柔美顏色統一色彩，以營造自然氛圍。

6月下旬

連香樹枝葉茂盛生長，樹下成為樹梢撒落陽光的明亮遮陰場所。庭園樣貌也出現重大轉變。以玉簪、聖誕玫瑰為核心，直線條的Lysimachia ciliata、油點草、美國菊、百合等植物茂盛生長。

梅雨季節，以清新素雅的大朵白色花妝點著庭園的喬木繡球（Annabelle）。與玉簪種在一起，使自然風庭園顯得更有層次。

與油點草、銅葉Lysimachia ciliata摻雜在一起開花的美國菊。花期長，6月至9月持續地開花。

7月下旬

梅雨季節過後，所有的植物更欣欣向榮地生長，在這座庭園裡佔少數，花色耀眼的卷丹競相綻放。卷丹原本喜愛全日照場所，健康地生長，表示很適合種在這處庭園裡。

摻雜在台灣油點草黃綠色葉之間開花的美國菊。10月，台灣油點草緊接著開花，取代了美國菊。

台灣油點草的花

Green Live Center

拍攝場所／多摩市立Green Live Center
東京都多摩市落合2-35
（多摩中央公園內）
Tel ＋81・42-375-8716
※2016年3月拍攝。

Chapter

2

Shade Garden

介紹適合遮陰庭園栽種而推薦採用的植物。
希望擬定庭園植栽計畫時更方便參考，
針對植物在庭園裡發揮的功能，依植物高度進行分類，
再加上限定期間內為庭園增添光彩的一、二年生草本植物。
除了適合擬定全新植栽計畫時參考之外，
尋找補種植物時也請多加利用。

第 2 章

適合遮陰
庭園栽種的
植物圖鑑

月江成人

豬牙花屬植物
Erythronium cvs.

植物名稱
記載植物通用名稱。

學名
限定種類或品種時，記載屬名＋種小名及品種名。以多個種類或品種為對象時，記載屬名。

別名
記載植物名稱之外的常用名稱，包括流通名、學名、日文名、俗名等。

科名
依據最新的APGⅢ分類系統。

株高
栽培狀態下的一般高度（樹高、株高）。

耐寒溫度
耐寒能力大致基準。因積雪或寒風等因素而不同。

解說植物的特徵

介紹運用巧思

● 別名：Erythronium ● 百合科 ● 落葉性多年生草本植物
● 株高：10cm至30cm ● 株寬：20cm
● 耐寒溫度：-23℃至-8℃ ● 原產地：日本・北美

土壤條件

| 1 | 2 | 3 | 4 | 5 | 6 | 7 | 8 | 9 | 10 | 11 | 12 |

型態
記載落葉、常綠別與植物的形態。
落葉
木本…休眠期落葉。
草本…休眠期地上部分消失。
半常綠
木本…因環境而不同，葉依然存在或落葉。
草本…簇生等植物邁入休眠期後，地上部分依然存在。或因環境而不同，休眠期葉依然存在或落葉。
常綠
一年四季植株上都長著葉。

株寬：
植株橫寬。栽培狀態下的一般大小。

原產地
記載原產地、分布地區。園藝品種則記載親株種類的原產地、分布地區。

土壤條件
表示植物可適應的土壤乾濕程度。

💧💧 **傾向乾燥**
排水良好，保水性較差的土壤。

💧💧 **濕度適中**
排水良好，含有機物質，也具有保水性的土壤。

💧💧 **太潮濕**
保水性高，經常呈現潮濕狀態的土壤。

日照條件
表示植物可適應的日照條件。以○圈起的符號，表示最適合的環境。
→ 詳情請參照P.15。

● **陰暗遮陰** 照不到直射陽光，間接光也不能期待的陰暗場所。

○ **明亮遮陰** 照不到直射陽光，但樹梢灑落陽光或照射間接光而顯得明亮的場所。

◐ **半遮陰 上午照射** 上午10時前照射直射陽光幾小時的場所。

◑ **半遮陰 下午照射** 上午10時左右至傍晚照射陽光幾小時的場所。

🍂 落葉樹下日照條件適中時，標示此符號。

觀賞時期
表示葉、花、果實等的觀賞時期。

＊書中記載觀賞時期與日照等適合植物生長的條件，係以日本關東地區以西的溫帶地區為基準。

日本楓

Acer palmatum

最具日本代表性的樹木，亦適合作為庭園象徵樹。枝條易橫向生長，因此很適合庭園栽種以形成遮陰環境。葉形、葉色等富有變化。紅葉時期轉變成黃色，嫩枝遇強霜時轉變成鮮豔紅色的珊瑚閣，及垂枝系的占之內等，目前已栽培產生許多園藝品種。垂枝系品種不太會往上生長，種在狹窄空間裡，比較容易維護整理。
運用巧思／適合周邊圍繞高聳建築而形成遮陰，日照時間很短的場所栽種。可栽培成漂亮樹形，因此，植栽空間許可時，不需修剪，可盡情地欣賞自然樹形。由枝條中途修剪時，易影響樹形，因此建議由枝條基部修剪不必要枝條。溫帶地區栽種時，紅葉時期也會轉變成漂亮顏色，因此建議組合栽種其他紅葉種植物，將秋末庭園妝點得更繽紛多彩。

● 別名：高尾楓 ● 無患子科 ● 落葉喬木
● 株高：10m至15m ● 株寬：10m至15m
● 耐寒溫度：－23至－28℃ ● 原產地：日本・中國・朝鮮半島

　　土壤條件 ~

S.Tsukie

種在溫帶地區也確實地轉變成紅葉。

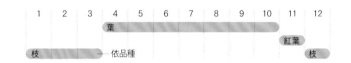

1	2	3	4	5	6	7	8	9	10	11	12
					葉						
										紅葉	
枝			依品種								枝

三菱果樹參

Dendropanax trifidus

葉具光澤感，一年四季都能構成漂亮的綠色背景。冬季期間部分葉片轉變成深紅色。植株易分枝，長成枝葉茂盛的樹形。生長速度並不快，修剪就能輕易地調整植株大小。嫩葉明顯三裂，長成大樹後，轉變成無葉裂狀態的橢圓形葉。花與果實觀賞價值低，體質強健，少發生病蟲害，不太需要維護整理的樹木。但，種在強烈西曬的場所時，建議植株基部栽種耐乾燥與直射陽光照射的植物，或適度地覆蓋。
運用巧思／從建築物遮陰處等相當陰暗的場所，到中午前後至傍晚時段照射直射陽光的半遮陰場所，適合栽種範圍很廣泛。環境太陰暗，不太適合其他植物生長的環境中最難能可貴的植物。

● 五加科 ● 常綠中喬木
● 株高：2.5至4.5m ● 株寬：2.5至5m
● 耐寒溫度：－6至－12℃ ● 原產地：日本・台灣

　　土壤條件 ~

JBP-M.Fukuda

幼樹的葉，以明顯的三裂葉形為最大特徵。葉片具漂亮光澤。

1	2	3	4	5	6	7	8	9	10	11	12
葉											

↓紅花種金縷梅（Diane）（*H. × intermedia* 'Diane'）的漂亮紅葉

金縷梅屬植物

Hamamelis spp.

緊接著蠟梅開花，捎來春天消息。以日本與中國的自生種成功栽培產生許多園藝品種。不乏花朵散發著香氣的品種。秋末還能欣賞漂亮紅葉，魅力十足的花木。日本氣候非常適合栽種，扎根後放任也健康地生長，確實作好覆蓋作業，避免夏季太乾燥，就能欣賞漂亮紅葉。

運用巧思／開花時期與聖誕玫瑰重疊，喜愛的生長環境也一致，因此是非常理想的組合。非常適合搭配早開種水仙等秋植球根植物，或早春開花的多年生草本植物。組合栽種槲葉繡球等，可欣賞紅葉的植物，秋季庭園更賞心悅目。

- 別名：Hamamelis ● 金縷梅科 ● 落葉中喬木
- 株高：2至3.5m ● 株寬：2至3.5m
- 耐寒溫度：−23至−28℃ ● 原產地：日本・中國

  　　　　土壤條件

金縷梅（*H. × intermedia* 'Arnold Promise'）花朵散發著甘甜香氣，秋天葉片由黃色轉變成橙色。

1	2	3	4	5	6	7	8	9	10	11	12
	花									紅葉	

含笑花

Magnolia figo

葉色深綠，葉具光澤感，四季常綠，開乳白色花，花瓣邊緣略帶酒紅色。花朵素雅不耀眼。散發香蕉般甘甜香氣，遠處就能聞到花香。生長速度緩慢，發芽能力強，修剪就能輕易地調整植株大小。因此狹窄庭園也容易採用。適應能力強，適應範圍廣，強烈西曬後，葉色宛如褪色般，失去了原有魅力。覆蓋以避免土壤太乾燥即可。

運用巧思／具耐陰性，未照射直射陽光也會開花，因此，大樓中庭等只能照射到間接光線的場所也適合栽種。深綠色葉可緩和周邊水泥建築等設施的冷硬感覺。

- 別名：唐招靈 ● 木蘭科 ● 常綠中喬木
- 株高：2.5至4m ● 株寬：1.5至2.5m
- 耐寒溫度：−6至−12℃ ● 原產地：中國

  　　　　土壤條件

葉具光澤，開乳白色花。花散發著濃郁香氣。

1	2	3	4	5	6	7	8	9	10	11	12
			花								
葉											

加拿大紅葉紫荊

Cercis canadensis 'Forest Pansy'

由自生於北美大陸的紫荊屬植物栽培產生的彩葉植物。植株大於原生種紫荊。春季開桃紅色花，花後長期間由碩大的紫紅色心形葉妝點庭園。但氣溫上升後，紫紅色葉褪色，略帶綠色。秋末轉變成黃色。耐暑能力稍弱，溫帶地區種在半遮陰環境優於全日照環境而建議採用。覆蓋等避免陽光直接照射植株基部，即可避免葉受損。

運用巧思／紫色葉在綠樹叢中顯得格外耀眼，而構成觀賞重點，亦適合作為庭園象徵樹。組合花色繽紛的多年生草本植物，紫色葉成為花色背景而看起來更亮麗。

● 豆科 ● 落葉中高木
● 株高：4至8m ● 株寬：4至8m
● 耐寒溫度：−23至−28℃ ● 原產地：北美至中美

     土壤條件

以紅紫色心形葉最具特徵。最適合作為繽紛色彩花卉的背景。

1	2	3	4	5	6	7	8	9	10	11	12
			花								
			葉							紅葉	

紅山紫莖

Stewartia pseudocamellia

初夏綻放清新脫俗的白花，茶道也會採用。名為「夜明け前」的桃紅色花品種也甜美可愛。秋季紅葉時期由橙色轉變成紅色，落葉後特色鮮明的樹皮最吸睛。生長速度比較快，枝條不太會橫向生長，往斜上方生長後，形成漂亮自然樹形。疏剪影響樹形的枝條即可，盡量維持自然樹形。花芽由春季開始生長的枝條長出。覆蓋即可避免土壤太乾燥，促使地溫下降。另有樹皮為紅褐色，花朵比紅山紫莖小的日本紫莖品種。

運用巧思／充滿柔美韻味的花朵與野趣十足的樹形，雜木庭園也很適合栽種。活用漂亮樹皮，組合冬季至春季開花的聖誕玫瑰或仙客來，冬季嫩枝顏色漂亮的紅瑞木等植物，冬季庭園更賞心悅目。

● 別名：娑羅樹 ● 山茶科 ● 落葉喬木
● 株高：8至12m ● 株寬：6至7.5m
● 耐寒溫度：−23至−28℃ ● 原產地：日本

     土壤條件

↑樹皮剝落即呈現出漂亮紋路。

日本茶道也會當作裝飾花的紅山紫莖。清新脫俗，意趣非凡。

1	2	3	4	5	6	7	8	9	10	11	12
					花						
										紅葉	

東瀛珊瑚
Aucuba japonica

葉具光澤感，一年四季都能構成漂亮的綠色背景。樹形小巧，修剪就能輕易地調整植株大小。性喜潮濕場所，維護整理避免太乾燥，照射多少直射陽光都能維持漂亮狀態。紅色果實與深綠色葉構成絕美色彩對比。雌雄異株，需要雄性植株才會結果。不乏雌雄單性園藝品種，需留意。除了圖中品種外，長著細小綠葉，充滿纖細氛圍的細葉東瀛珊瑚也推薦採用。

運用巧思／植株上密生葉片，最適合當作遮陰庭園背景的樹木。耐陰性強，種在建築物遮擋成陰般相當陰暗的場所也健康地生長。種在比較陰暗的場所時，葉片依舊分布著葉斑，可為陰暗遮陰環境增添色彩。

● 絲纓花科 ● 常綠灌木
● 株高：1至2.5m ● 株寬：1至2.5m
● 耐寒溫度：−12至−18℃ ● 原產地：日本・中國・朝鮮半島

 土壤條件 ～

東瀛珊瑚（*Picturata*）以鮮豔的黃色中斑最漂亮。

	1	2	3	4	5	6	7	8	9	10	11	12
葉												
果實												果實

紅瑞木
Cornus alba 'Sibirica'

落葉後，寒冬時期轉變成鮮紅色的嫩枝，這就是紅瑞木的最大魅力。老枝不會轉變顏色，建議2、3年修剪一次以促進枝條更新。萌發新芽前修剪可促進新枝生長。修剪後不開花，但花的觀賞價值不高，因此並無太大問題。耐暑性較弱，適合種在潮濕涼爽的遮陰場所。另有落葉時期嫩枝轉變成黃色的黃金瑞木。

運用巧思／搭配樹皮漂亮的紅山紫莖、冬季至早春期間開花的聖誕玫瑰、雪割草等植物，冬季庭園也賞心悅目。夏季期間還有充滿柔美感覺的白斑品種可欣賞。搭配泡盛草、藍葉系玉簪等，種在「明亮遮陰」場所，就能構成充滿夏季氛圍的清新優雅景色。

● 山茱萸科 ● 落葉灌木
● 株高：1.2至3m ● 株寬：0.9至1.5m
● 耐寒溫度：−35至−40℃ ● 原產地：西伯利亞・中國北部至朝鮮半島

  → 依品種 土壤條件

→冬季期間，嫩枝轉變成鮮紅色。

葉也賞心悅目的斑葉品種。易出現葉燒現象，適合種在「明亮遮陰」場所。

	1	2	3	4	5	6	7	8	9	10	11	12
葉												
枝												枝

馬醉木
Pieris japonica

初春開出一串串狀似鈴蘭的小白花。除了白花品種外，市面上還可買到栽培產生的淺桃紅色、深桃紅色等花色突變種。植株上密生小葉，葉具光澤感，無花時期也能構成綠色背景。另有新芽帶漂亮紅色的植株，或可欣賞該風采的園藝品種。適合半遮陰至「陰暗遮陰」場所栽種，但環境太陰暗時，開花狀況不佳。生長速度緩慢，種在小庭園裡也容易管理。體質強健，但太乾燥時易因附著葉蟎等，葉片呈現褪色狀態。耐寒能力較強，寒帶地區栽種也能欣賞四季常綠的葉。

● 杜鵑花科 ● 常綠灌木
● 株高：1.5至3m ● 株寬：1至2m
● 耐寒溫度：−17至−23℃ ● 原產地：日本·中國·台灣

　　　　土壤條件

狀似鈴蘭的小白花，像唸珠似地掛在枝頭上。

青莢葉
Helwingia japonica

日文名為花筏，花好像開在葉子上，將葉視為筏，因而得名。雌雄異株，雌株結果，夏季熟透轉變成黑色。果實味道甘甜，可食用。落葉期枝條像塗上墨汁般漆黑漂亮。植株不高，枝條不會橫向生長，狹小場所也容易栽培。喜愛濕潤又富含有機成分的場所，耐陰性絕佳，種在陰暗場所也健康地生長。

運用巧思／種在陰暗場所也健康地生長，因此，建築物或高大常綠樹遮擋成陰的場所也適合栽種。葉色深綠的植物叢中，加入金黃色葉園藝品種，就能構成觀賞重點。落葉期枝條也具觀賞價值，組合栽種聖誕玫瑰、心葉牛舌草等冬季至春季開花的植物，庭園植栽就會有更精采的表現。

● 青莢葉科 ● 落葉喬木
● 株高：1至1.5m ● 株寬：0.6至1.2m
● 耐寒溫度：−12至−18℃ ● 原產地：日本·中國

　　　　土壤條件

黃金青莢葉　新芽為金黃色，邁入夏季，漸漸地恢復為綠色。

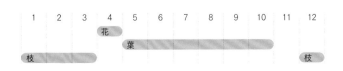

瑞香

Daphne odora

生長速度緩慢，植株也不高，因此最適合狹小遮陰植栽空間採用。外側為紫紅色，內側為白色，看起來像花瓣的部位其實是花萼，與深綠色葉形成的色彩對比最美。花散發濃郁香氣，遠處就能聞到花香。環境適應能力強又廣泛，但，照射到中午前後時段的強烈陽光，地溫上升，植株易弱化，需留意。性質纖細脆弱，不喜歡移植。

運用巧思／葉色深綠，一年四季為庭園增添綠意。植株基部葉片較少，組合栽種玉簪、匍枝亮葉忍冬等植株茂盛生長的植物，就能構成充滿協調美感的植栽。陰暗場所栽種斑葉品種，庭園氛圍變得更明亮。

● 瑞香科 ● 常綠灌木
● 株高：1至1.2m ● 株寬：1至1.2m
● 耐寒溫度：－12至－18℃ ● 原產地：中國

土壤條件

花香濃郁，遠處就能聞到。

←信濃錦為有黃色中斑的美麗園藝品種。

1	2	3	4	5	6	7	8	9	10	11	12
		花									
葉											

小葉瑞木

以甜美可愛的淺黃色花帶來春天消息的花木。花後長出小巧可愛的心形葉，與彎曲生長的枝條，構成獨特的樹形。秋季紅葉時期由黃色轉變成橙色更賞心悅目。相較於近親種小葉瑞木，植株較小，枝條較細，感覺更纖細。小庭園也能種出絕佳協調美感。體質強健，放任也健康地生長，照射中午前後時段的強烈陽光，土壤太乾燥時，葉易受損。植株基部加厚覆蓋等，確實作好保護措施即可。

運用巧思／植株基部栽種淫羊藿屬、岩白菜等植物，取代覆蓋，既可欣賞美麗春花，又可為落葉期增添綠意。搭配同時期開花的夏雪片蓮，即可構成洋溢春天氣息的明亮植栽。

● 別名：姬瑞木 ● 金縷梅科 ● 落葉灌木
● 株高：1至2m ● 株寬：1至2m
● 耐寒溫度：－17至－23℃ ● 原產地：日本・台灣

土壤條件

枝頭上開滿小巧淺黃色花，將四周染成黃色。

1	2	3	4	5	6	7	8	9	10	11	12
		花									
										紅葉	

→靛藍色果實將葉色襯托得更鮮綠。

JBP-A.Tokue

地中海莢蒾

Viburnum tinus

色澤沉穩的綠葉，一年四季為庭園植栽提供漂亮背景。枝條不會極端生長，樹形渾圓飽滿。春天，枝條上長滿桃紅色花蕾後，開滿潔白花朵。成熟時由綠色轉變成黑色，具光澤感的果實也很迷人。枝數較多，感覺雜亂或需要調整高度時，由枝條基部適度地疏剪即可。具耐暑性，但環境極端乾燥時，葉尾易損傷，必須覆蓋等保護植株基部。

運用巧思／適應環境範圍廣，各類型場所都可使用。植株大小也適合狹小庭園栽種。當作背景樹時，可將前方的花襯托得更漂亮。構成低矮樹籬也很經典。

● 別名：楠葉莢蒾 ● 五福花科 ● 常綠灌木
● 株高：1.5至2.5m ● 株寬：1.5至2.5m
● 耐寒溫度：－12至－18℃ ● 原產地：地中海沿岸地域

   　　　土壤條件

JBP-Y.Itoh

花蕾為桃紅色。開白色花，花開後更耀眼。

1	2	3	4	5	6	7	8	9	10	11	12
果實		花							果實		
葉											

棣棠花

Kerria japonica

JBP-M.Takeda

由地際長出柔軟枝條後茂盛生長，植株上開滿金黃色花朵。秋末，葉轉變成黃色，落葉後以綠色枝條妝點呈現冬枯景象的庭園。場所空間足夠時，建議維持自然樹形，欣賞優雅姿態。植株太高大而影響環境時，避免由枝條中途修剪，連根挖除不需要部分，縮小植株即可。栽培多年後，枝條漸漸枯萎時，必須整理枯枝。落葉時期整理更方便作業。體質強健，適應環境範圍廣，種在土壤濕潤的場所，葉更容易維持漂亮狀態。

運用巧思／建議栽種充滿野趣的單瓣花品種。非常適合當作雪割草、豬牙花屬植物等早春開花植物的背景。庭園植栽中最活躍，可使自然風庭園有更傑出表現的植物。

● 薔薇科 ● 落葉灌木
● 株高：1.5至2m ● 株寬：1.5至2.5m
● 耐寒溫度：－23至－28℃ ● 原產地：日本・中國

  　　　土壤條件

開單瓣花，充滿自然意趣。

1	2	3	4	5	6	7	8	9	10	11	12
			花							紅葉	
枝											枝

85

日陰躑躅（野杜鵑）

Rhododendron keiskei

春天綻放清透優雅的淺黃綠色花，與深綠色葉形成的色彩對比最美。葉色常綠，但寒冬季節轉變成紅色。日文名中有日陰（遮陰），其實種在可照射陽光幾小時的半遮陰場所，比種在陽光照不到的場所，開花狀況更好。原本自生於布滿岩石的低窪地區，因此具耐暑性，耐乾燥能力也很強，但夏季西曬還是避免為宜。以原生種栽培產生許多新品種。近年來，以栽培為由的盜挖行為猖獗，自然界中植株銳減。絕對避免購買或栽種取自山野的品種。

運用巧思／生長速度慢，植株小巧，適合種在花壇前方，當作地被植物使用。四季常綠，因此是易顯荒涼的冬季庭園增添綠意的絕佳素材。

- 別名：sawaterashi ● 杜鵑花科 ● 落葉灌木
- 株高：0.5至2m ● 株寬：1至3m
- 耐寒溫度：－12至－18℃ ● 原產地：日本

   土壤條件

JBP-M.Fukuoka

花色透明感十足，充滿清新優雅氛圍。

1	2	3	4	5	6	7	8	9	10	11	12
			花								

小葉鼠刺

Itea virginica

初夏開出聚集著小白花的穗狀花。垂枝狀開花姿態最獨特，花散發著甘甜香氣。花後姿態缺乏特徵，不吸引目光。但秋末紅葉時期轉變成鮮豔耀眼的紫紅色，重現存在感。因紅葉顏色與樹高差異等特色，已栽培產生許多園藝品種。植株不高，修剪就能輕易地調整大小，因此狹小庭園也容易栽培。種在相當陰暗的場所也健康地生長，但開花狀況較差。性喜潮濕環境。

運用巧思／最適合當作萱草、水甘草屬等，適合半遮陰場所栽種的多年生草本植物的背景。溫帶地區栽種也會轉變成漂亮紅葉，因此組合栽種槲葉繡球、日本楓、金縷梅、風知草等植物，秋末庭園景色更繽紛。

- 別名：美國鼠刺 ● 鼠刺科 ● 落葉灌木
- 株高：1.5至2.5m ● 株寬：1至1.5m
- 耐寒溫度：－23至－28℃ ● 原產地：北美東部

   土壤條件

JBP-M.Fukuda
JBP-T.Maki

↑秋天紅葉時期就轉變成漂亮紅紫色。

長花穗上開滿白色小花。

1	2	3	4	5	6	7	8	9	10	11	12
				花						紅葉	

JBP-T.Maki

槲葉繡球

Hydrangea quercifolia

初夏抽出碩大圓錐形花穗，長期間持續開花。開花後，形狀獨特的大葉片，在庭園裡釋放存在感。溫帶地區栽種時，秋末，葉轉變成紫紅色，呈現漂亮紅葉狀態。日本氣候非常適合栽種，放任也健康地生長。病蟲害少發生，是奠定遮陰庭園架構的最基本花木。比萼繡球更容易往縱橫方向生長。由分枝部位修剪影響樹形的枝條，就能維持漂亮狀態，縮小植株。前年枝長出花芽，開花後立即修剪為宜。

運用巧思／體質強健，成功栽培機率高，因此，組合栽種時以此為重點考量。前方配置各類多年生草本植物，或組合栽種小葉鼠刺、垂枝系日本楓（占之內）等同樣會呈現紅葉狀態的植物都很經典。

● 繡球花科 ● 落葉灌木
● 株高：1.8至2.5m ● 株寬：1.8至2.5m
● 耐寒溫度：−23至−28℃ ● 原產地：北美東南部

  　　　土壤條件 ～

JBP-T.Maki

花葉都存在感十足。遮陰庭園不可或缺的植物。

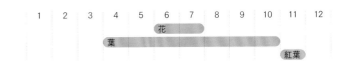

1	2	3	4	5	6	7	8	9	10	11	12
				花							
	葉										
										紅葉	

山梅花屬植物

Philadelphus cvs.

初夏綻放清新脫俗的白花，可長期間欣賞。市面上就能買到許多由不同品種栽培產生的園藝品種，特性也各不相同，共通點為花朵散發著清新高雅的香氣。前年枝開花，需修剪時，開花後立即進行為佳。開重瓣花類型品種體質強健，半遮陰或全日照場所栽種都健康地生長。枝條生長速度快，放任時無法維持漂亮姿態，花後強勢縮剪以促進枝條更新更好。源自歐洲種的園藝品種耐暑能力弱，適合種在「明亮遮陰」至早上10點前照射到陽光的半遮陰場所。

運用巧思／香氣怡人，適合種在通往玄關的入口處等希望享受花香的場所。白色花搭配任何花都很協調，組合栽種各類多年生草本植物亦可。

● 繡球花科 ● 落葉灌木
● 株高：1.5至2.5m ● 株寬：1至1.5m
● 耐寒溫度：−23至−28℃ ● 原產地：北美・中美・亞洲・歐洲

  　　　土壤條件

JBP-S.Maruyama

紫露草（*Sweet Kate*）（*T.* (Andersoniana Group) ‘Sweet Kate’）金黃色葉品種。葉與紫色花形成的絕妙色彩對比。源自歐洲種的園藝品種。開白花，花心略帶紅色。

1	2	3	4	5	6	7	8	9	10	11	12
					花						

→ 果實可作為黃色染料。

梔子花
Gardenia jasminoides

初夏開花散發甘甜香氣，花香濃郁遠處就聞到，充滿季節感。自古廣泛栽培的花木。欠缺耳目一新的感覺，但除了花朵外，具光澤感的葉、秋季結的橙色果實都深具觀賞價值。果實可當作黃色染料，製作黃蘿蔔等常用的染色素材。常見栽培系統好幾種，重瓣品種不結果。植株易因大透翅天蛾啃食而光禿，需留意。

運用巧思／耐暑能力強，但極度乾燥時，葉色易受損，適合半遮陰環境栽種。適合當作各類植物的背景，亦可栽種構成樹籬。矮性種適合種在花壇前方當作地被植物。

● 茜草科 ● 常綠灌木
● 株高：1.5至2m ● 株寬：1.5至2m
● 耐寒溫度：－6至－12℃ ● 原產地：日本‧中國

○ ◑ ◐ →斑葉種不適合　　土壤條件

重瓣梔子花 狀似玫瑰，花形高雅端莊，香氣怡人。

1	2	3	4	5	6	7	8	9	10	11	12
					花				果實		
葉											

喬木繡球
Hydrangea arborescens 'Annabelle'

抽出圓形大花穗而廣受歡迎的繡球花。初夏綻放充滿季節感的潔白花朵，將遮陰庭園妝點得更清新優雅。病蟲害情形少見，日本氣候適合栽種，放任也健康地生長。但環境太乾燥時，葉易損傷，因此，種在中午前後照射到太陽的場所時，需加厚覆蓋以防乾燥。繡球花屬植物中較罕見的品種，花開在春天長出的枝條上，因此適合於萌發新芽前的冬季修剪。由地際附近的健康芽點上方修剪，就會抽出強壯枝條，長出更大花穗。

運用巧思／透過修剪就能確保株高，易組合栽種多年生草本植物。場所空間足夠時，一起栽種多株更容易營造分量感，開花後更壯觀。只是搭配泡盛草與大型玉簪等最基本的植物，就能構成高度、草姿、配色等都協調漂亮的遮陰庭園植栽。

● 別名：繡球花（Annabelle） ● 繡球花科 ● 落葉灌木
● 株高：1至2.5m ● 株寬：1至2.5m
● 耐寒溫度：－35至－40℃ ● 原產地：北美東部

○ ◑ ◐ 土壤條件 ~

清新脫俗的白花，容易搭配任何花。

1	2	3	4	5	6	7	8	9	10	11	12
					花						

圓錐繡球

Hydrangea paniculata

相較於其他繡球花，大概晚一個月開花，花少時期枝條尾端抽出圓錐狀花穗。原本也自生於日本的低窪地區，因此容易栽培。從適度潮濕至潮濕土壤，適應環境範圍廣泛。花芽長在春天抽出的枝條上，因此，萌發新芽前由任何位置修剪都會開花。強勢縮剪後長出較大花穗，但抽出較少花穗。降低修剪強度則抽出許多小花穗。耐寒能力強，寒帶地區栽種也沒問題。

運用巧思／植栽時種在其他植物後方，幾乎被遺忘時抽穗開花，令人喜出望外。強勢修剪即可抑制株高，不修剪讓植株自由地生長，亦適合作為庭園象徵樹。花後保留花穗，秋天轉變成粉紅色又可以欣賞。

● 別名：Sabita ● 繡球花科 ● 落葉灌木
● 株高：1至2.5m ● 株寬：1至2.5m
● 耐寒溫度：−35至−40℃ ● 原產地：日本・中國・俄羅斯

○ ◐ ◑　　　　土壤條件 💧💧 ~ 💧💧💧

JBP-M.Tsutsui

圓錐繡球（*Limelight*）剛開花時為清新黃綠色，漸漸地轉變成白色。

1	2	3	4	5	6	7	8	9	10	11	12

花

萼繡球

Hydrangea macrophylla var. *normalis*

最具日本代表性的花木之一，目前透過原生種已栽培產生許多繡球花園藝品種。所有的花都成為裝飾花的華麗園藝品種令人激賞，但散發沉穩氛圍的萼繡球更適合種在遮陰庭園裡。生長速度快，植株越長越高大。為了抑制株高而由枝條中途修剪，隔年枝數倍增，植株反而變得更雜亂。因此建議由地際疏剪枝條，縮小植株。植株老化後，乾脆透過插枝進行更新。梅雨季節或休眠期間插枝，更容易發根繁殖。

運用巧思／植株迅速長大，建議種在空間足夠的植栽場所。栽種葉片分布著白斑的品種，開過藍白色花朵後，清新優雅的葉還可妝點遮陰庭園。組合栽種淺黃色萱草，形成的色彩對比更賞心悅目。

● 繡球花科 ● 落葉灌木
● 株高：1至2m ● 株寬：1至1.5m
● 耐寒溫度：−23至−28℃ ● 原產地：日本

○ ◐ ◑ →金葉色葉不適合　　　　土壤條件 💧💧 ~ 💧💧💧

→野趣十足的萼繡球，
華麗園藝品種無法媲美。

JBP-M.Tanaka

S.Tsukie

花葉都清新優雅的白斑園藝品種。

1	2	3	4	5	6	7	8	9	10	11	12

花
葉
斑葉種・黃葉　　　　紅葉

→紅（くれない）開白花後，漸漸地轉變成略帶紅色的花。

澤繡球
Hydrangea serrata

相較於萼繡球，枝條較細，花與植株更小巧，而且充滿野趣。目前已栽培產生許多色澤柔美的園藝品種。性喜潮濕環境，相較於萼繡球，耐乾燥能力較弱，因此需適度地覆蓋。溫帶地區適合種在不會照射到直射陽光的明亮遮陰場所。前年枝長出花芽，需修剪時以花後立即修剪為宜。但不像萼繡球般旺盛地橫向生長，因此場所空間許可時，維持自然樹形更值得欣賞。

運用巧思／組合栽種落葉樹等植物，就能營造出自然氛圍。生長環境酷似最具耐陰植物代表性的玉簪與泡盛草，可構成洋溢初夏清新氣息的組合。綠葉植物林立的遮陰庭園，組合栽種斑葉品種，長期間成為庭園植栽的觀賞重點。

● 別名：山繡球 ● 繡球花科 ● 落葉灌木
● 株高：0.6至1.2m ● 株寬：0.6至1.2m
● 耐寒溫度：－17至－23℃ ● 原產地：日本・朝鮮半島

  土壤條件

九重山 開淺藍色花，由白色轉變成黃色的斑葉最漂亮。

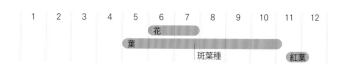

十大功勞
Mahonia eurybracteata

紋理質感纖細，葉形端正，一年到頭都為庭園增添綠意。葉呈現葉裂狀態，但觸摸時不扎手。秋末開黃色花，為冬季庭園荒涼景象增添色彩的寶貴植物。嚴寒時節微微地染上紅色的葉也很漂亮。體質強健，適應遮陰環境的範圍廣。但環境太陰暗時，開花狀況不佳。易橫向生長，覆蓋範圍廣，可抑制雜草生長。枝條影響姿形時，由枝條基部疏剪為宜。環境極端乾燥時，葉尾易受損，種在西曬等乾燥場所時，需覆蓋以保護植株基部。

運用巧思／終年常綠，建議種在需要隨時維持漂亮狀態的玄關等比較顯眼的場所。植栽時組合栽種落葉樹，只剩下光禿枝條的冬季庭園就不會顯得太荒涼。

● 別名：柳葉十大功勞・Mahonia confuse ● 小蘗科 ● 常綠灌木
● 株高：1至1.5m ● 株寬：1至1.5m
● 耐寒溫度：－12至－18 ● 原產地：中國

    土壤條件

細長葉個性十足，適合構成背景，亦適合種在落葉樹下。

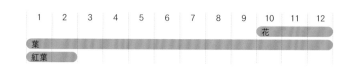

八角金盤
Fatsia japonica

以具光澤感的掌狀大葉片最獨特、最吸引目光。初冬開白色絨球狀花，與深綠色葉形成的色彩對比最美，成為冬枯庭園的觀賞重點。枝條易橫向生長，狹窄場所不太適合栽培。枝條由地際陸續長出，不需要枝條由枝條基部依序疏剪即可。基本上，體質強健，放任不管也能健康生長。但太乾燥時葉色變差。種在中午前後照射到陽光的半遮陰場所時，需加厚覆蓋等，以避免太乾燥。

運用巧思／迅速地幫忙遮擋室外機、與鄰居交界處的圍牆等影響庭園景觀的設施，形成漂亮綠色背景的便利素材。覆蓋地面範圍廣，抑制雜草生長效果也值得期待。

● 五加科 ● 常綠中低木
● 株高：2至3m ● 株寬：2至3m
● 耐寒溫度：−9至−12℃ ● 原產地：日本

    土壤條件 ～

初冬開白色花，與具光澤感的深綠葉色形成的色彩對比最美。

1	2	3	4	5	6	7	8	9	10	11	12
										花	
葉											

草莓樹
Arbutus unedo

花少的初冬時期，開出一串串狀似鈴蘭的甜美可愛小花。前一年結的果實，於同時期成熟轉變成紅色或黃色，可同時欣賞花與果實。枝幹長粗壯後，樹皮像紙張似地剝落，形成獨特的模樣。體質強健，耐乾燥能力強。自生於地中海沿岸地區，感覺喜愛充足陽光，事實上，種在半遮陰場所，比種在夏季期間一整天照射強烈陽光的場所，更容易維持漂亮的深綠葉色，葉片比較不會出現褪色現象。生長速度較緩慢，也不會長出徒長枝，小庭園也容易栽培。

運用巧思／葉四季常綠、具光澤感，一年四季都能構成漂亮的綠色背景。植株基部附近比較不長枝條，因此，組合栽種萱草、匍枝亮葉忍冬等草姿茂盛的植物，更容易構成充滿協調美感的植栽。

● 別名：Strawberry tree ● 杜鵑花科 ● 常綠中喬木
● 株高：2至5m ● 株寬：2至5m
● 耐寒溫度：−12至−18℃ ● 原產地：歐洲

   土壤條件

紅花草莓樹（*Arbutus unedo f. rubra*）開桃紅色花。

1	2	3	4	5	6	7	8	9	10	11	12
										花	
									果實		
葉											

泡盛草

Astilbe spp. & cvs.

構成遮陰庭園植栽不可或缺的素材。初夏抽出修長纖細花穗，以
獨特姿態妝點庭園。以自生於日本溪流沿岸等場所的種類成功改
良，因此，留意乾燥問題就非常容易栽培。溫帶地區適合種在不
會照射直射陽光的遮陰環境，葉也不會損傷。

運用巧思／只栽種1株時，花穗數太少，難以展現漂亮風采。以
群植方式栽種3、5株，就能淋漓盡致地展現魅力。花期不長久，
搭配彩葉或斑葉植物等可長久欣賞的植物更好。生長環境類似玉
簪，草姿又能增添變化，因此搭配性絕佳。前方栽種玉簪，就會
幫旁遮擋泡盛草花後荒涼景象。

● 虎耳草科 ● 多年生落葉草本植物
● 株高：30至50cm ● 株寬：30cm
● 耐寒溫度：－17至－23 ● 原產地：日本・中國

土壤條件   ~

泡盛草（*A. 'Chocolate Shogun'*） 漂亮的銅葉，開花後可
當作觀葉植物欣賞。

泡盛草（*A. 'Fanal'*）最具代表性的紅花園藝品種。搭配紅
葉礬根最典雅。

泡盛草（*A. chinensis var. pumila*）相較於其他品種，晚幾星期開花。植株
較矮，適合種在花壇的前方。

1	2	3	4	5	6	7	8	9	10	11	12

花
葉
銅葉種

泡盛草（*A. × rosea 'Peach Blossom'*）花色柔美。搭配藍葉種
玉簪最優雅。

水甘草的同類
Amsonia spp.

春天，抽出挺立修長的莖部後，開滿清新脫俗的淺藍色花。葉片細長，具光澤感，花後還可長期欣賞。日本市場上以水甘草名稱流通的以北美產品種占多數。日本氣候適合栽培，扎根後不需要特別維護整理。但夏季極端乾燥時，葉易損傷，加厚覆蓋即可保護植株基部。植株老化後，姿態也不雜亂，因此不太需要分株，可長期間種在相同場所盡情地欣賞。

運用巧思／植株長高，但不太橫向生長。因此，狹小場所也容易採用。秋季，葉轉變成鮮豔金黃色。建議組合栽種槲葉繡球等其他紅葉植物，使秋末庭園有更精采表現。

● 別名：Amsonia ● 夾竹桃科 ● 落葉性多年生草本植物
● 株高：60至90cm ● 株寬：30至50cm
● 耐寒溫度：－35至－40 ● 原產地：北美・東亞

  　　　　土壤條件 ~

JBP-S.Fujikawa

A. tabernaemontana var. salicifolia 柳葉水甘草變種。原產於北美東部，葉更細長。

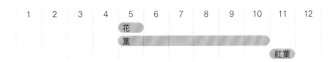

1	2	3	4	5	6	7	8	9	10	11	12
				花							
				葉							
										紅葉	

紫斑風鈴草
Campanula punctata

通常自生於低窪地區的道路旁或林緣的植物。枝條上垂掛釣鐘狀花朵時，感覺最柔美，適合用於營造自然氛圍。花色變化大，另有白色、乳白色、桃紅色、紫紅色等品種。枝條開花後枯萎，地下莖蔓延生長後，長出隔年的新芽。環境太乾燥時，隔年新芽可能枯萎，避開中午前後照射直射陽光的場所即可。種類中不乏以原生種繁殖的交配種，風鈴草（Sarastro）開色彩鮮豔的藍紫色花。

運用巧思／只栽種一株顯得太單薄，一起栽種幾株就能展現磅礴氣勢。植栽時種在玉簪等葉片碩大的植物株間或後方，適度遮擋就不會看到開花後欠缺魅力的姿態。但應避免完全被其他葉片遮擋。

● 桔梗科 ● 落葉性多年生草本植物
● 株高：30至60cm ● 株寬：30cm
● 耐寒溫度：－17至－23℃ ● 原產地：包含日本的東亞地區

　　　　土壤條件

JBP-N.Kamibayashi

充滿柔美意趣的花。自然風遮陰庭園不可或缺。

1	2	3	4	5	6	7	8	9	10	11	12
					花						

→葉片有白覆輪的白花種。
重點使用為宜。

JBP-T.Maki

紫蘭

Bletilla striata

具耐寒性蘭花的同類，春季開深桃紅色花，將庭園妝點得華麗又繽紛。狀似小竹葉的修長葉片斜斜地生長，因此栽種時需加大株距。耐暑性強，體質強健，幾乎不會罹患嚴重的病蟲害。放任也逐漸蔓延生長，不需要植株需適度地疏剪。建議在不影響生長狀況下，避開中午前後的直射陽光，以維持漂亮葉色。另有白花或斑葉品種，可為庭園營造更沉穩的氛圍。

運用巧思／庭園有「明亮遮陰」場所時，前面栽種攀根、紫唇花，感覺更統一。與花韭同時期開花，又適合相同環境栽種，因此可構成絕佳組合。

● 蘭科 ● 落葉性多年生草本植物
● 株高：30至45cm ● 株寬：30至50cm
● 耐寒溫度：－12至－18℃ ● 原產地：日本・中國

 　　　　　土壤條件

由小竹般葉片與桃紅色花構成的草姿最有個性。
體質強健，不需要心思維護整理。

1	2	3	4	5	6	7	8	9	10	11	12
				花							

紫露草屬植物

Tradescantia cvs.

以淋過梅雨季節雨的姿態最相配。開紫色一日花，花朵當天就謝掉，但接二連三地開花，因此花期相當長。日本氣候相當適合栽種，體質強健，容易蔓延生長。性喜潮濕場所，種在排水不佳的場所也健康地生長。反之，耐乾燥能力較弱，照射中午前後的強烈陽光，葉就褪色。葉受損時，由地際徹底修剪，重新長出莖部後，秋天再度開花。植株栽培長大後，莖部顯得太雜亂時，需進行分株。

運用巧思／開花期間外，彩葉品種成為庭園觀賞重點，為庭園增添色彩。植株基部附近太單調時，前方組合栽種紫唇花、日本蹄蓋蕨即可。前方組合栽種富貴草等常綠植物，就能留下些許綠意，冬季庭園不會完全呈現枯萎景象。

● 別名：大紫露草 ● 鴨跖草科 ● 落葉性多年生草本植物
● 株高：30至60cm ● 株寬：30至50cm
● 耐寒溫度：－29至－35℃ ● 原產地：北美

 　　　　土壤條件

JBP-H.Imai

紫露草（*Sweet Kate*）（*T.* (Andersoniana Group) 'Sweet Kate'）金黃色葉品種。葉與紫色花形成的絕妙色彩對比。

1	2	3	4	5	6	7	8	9	10	11	12
				花							
		葉									
					金黃色葉品種						

槭葉蚊子草
Filipendula purpurea

特徵為楓葉般呈現深葉裂的大葉片。初夏抽出修長花莖後，緊密開出桃紅色小花。起源於雜交種，日本自古栽培。體質強健，種在富含有機成分濕潤場所，不需要特別維護整理，每年都會開花。太乾燥而葉受損就失去觀賞價值。易罹患白粉病，栽種時需挑選通風良好的場所，避免太乾燥。另有白花品種。

運用巧思／植株高挑，適合配置在花壇後方。前方栽種風知草、玉簪等葉片大範圍生長的植物，開花後觀賞焦點就會轉移到前方的植物上不會注意到花後姿態。也適合種在植株低矮的植物後方，發揮連結背景樹作用。

● 薔薇科 ● 落葉性多年生草本植物
● 株高：30至100cm ● 株寬：30至50cm
● 耐寒溫度：−17至−23℃ ● 原產地：起源於雜交種

JBP-S.Maruyama
花色鮮豔奪目，但充滿柔美意趣。自古為茶道裝飾花。

| 1 | 2 | 3 | 4 | 5 | 6 | 7 | 8 | 9 | 10 | 11 | 12 |
花

葉薊
Acanthus mollis

以歐洲古文明圖案也曾採用，具光澤感的碩大葉片最吸引目光。盛夏時節環境太乾燥時，葉漸漸枯黃，葉數減少，不過秋季就會再長出葉片。初夏抽出修長花莖，開滿特色鮮明的白花。花苞長著尖銳棘刺，觸摸花時需小心。不太挑選土質，適應環境範圍廣，但極度乾燥時葉色變差。種在中午前後照射到陽光的場所時，土壤確實混入有機成分，即可提高保水能力。植株太高大時需分株。

運用巧思／除了開花期間外，特徵鮮明的葉也值得好好地欣賞。葉相當容易橫向生長，因此建議種在面積夠寬敞的場所。存在感十足的沉穩草姿，具有緩和建築物與圍牆等結構物冷硬感覺等作用。

● 爵床科 ● 常綠多年生草本植物
● 株高：60至150cm ● 株寬：50至100cm
● 耐寒溫度：−17至−23℃ ● 原產地：地中海沿岸地區

JBP-M.Fukuda
花朵似矛，葉片碩大，特色鮮明。

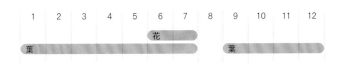
| 1 | 2 | 3 | 4 | 5 | 6 | 7 | 8 | 9 | 10 | 11 | 12 |
花
葉

95

萱草
Hemerocallis cvs.

茂盛生長植株開出大朵漏斗狀花，將初夏庭園妝點得更華麗。開一日花，但接二連三地開花，因此可長期間賞花。日照時間越長，花數越多。但日照半日左右就能充分開花。以日本自生種交配後產生，因此日本氣候適合栽種，具耐暑性，體質強健，不需要費心維護整理。品種改良盛行，創作出不同花色、花形的園藝品種不勝枚舉。常綠品種與重複開花品種也陸續引進。

運用巧思／最適合種在樹木植株基部周邊，保護根部以避免根部照射直射陽光。組合栽種繡球花類植物時，無論憑草姿或高度，都能構成充滿協調美感的植栽，因此建議採用。以繡球花的藍色花與萱草的淺黃色花，就能構成充滿夏季氛圍的配色。

● 別名：一日百合（Daylily）● 萱草科 ● 落葉・半常綠・常綠多年生草本植物
● 株高：50至120cm ● 株寬：60至90cm
● 耐寒溫度：－23至－28℃ ● 原產地：日本・朝鮮半島・中國

 土壤條件 ~

JBP-S.Maruyama

陸續開出大漏斗狀花，花期長。

1	2	3	4	5	6	7	8	9	10	11	12
					花						

因品種而不同

秋海棠
Begonia grandis

具耐寒性的秋海棠屬植物。耐遮陰性強，種在相當陰暗的場所也健康地生長。夏末抽出紅色花莖後，綻放甜美可愛的桃紅色花，照亮陰暗的植栽空間。花為雌雄異花，位於花瓣基部的翅膀般部位（子房）就是雌花。直接開在花柄上的則是雄花。喜愛富含有機成分的潮濕場所，不耐乾燥環境。秋季，葉的基部形成珠芽，播下珠芽，就能輕易地繁殖。

運用巧思／開鮮豔耀眼的桃紅色花，以微暗濕潤場所為植栽空間時的最寶貴素材。冬季期間地上部分枯萎消失，因此適合種在紫金牛、德國鈴蘭、富貴草等常綠植物後方。亦可組合栽種玉簪、掌葉鐵線蕨等植物，欣賞草姿差異。

● 秋海棠科 ● 落葉多性年生草本植物
● 株高：45至60cm ● 株寬：50cm
● 耐寒溫度：－9至－12℃ ● 原產地：中國

 土壤條件 ~

JBP-T.Maki

以深綠色葉為背景，將柔美的桃紅色花襯托得更耀眼。

1	2	3	4	5	6	7	8	9	10	11	12
							花				

秋牡丹的同類

Anemone × hybrida

以自古遠渡重洋傳到日本的秋牡丹（重瓣紅花）近親種為主，交配後產生的系統。地下莖旺盛生長後，植株越來越茁壯。栽培成大株，花數增加後更壯觀。喜愛富含有機成分的濕潤場所，討厭乾燥。基本上體質強健，栽種環境適當，放任也健康地生長。通風不良時，易罹患白粉病等疾病。日本方面也相當努力地育種，近年來，矮性種也陸續登場。

運用巧思／於花少的秋季期間開花的貴重花卉。組合相同時期開花的孔雀草屬或台灣油點草等植物即可。植株會長高的系統，適合配置在後方以構成花壇架構。將矮性種種在花壇前方，再組合栽種紫唇花、野芝麻等彩葉植物即可。

● 毛茛科 ● 半常綠多年生草本植物
● 株高：40至150cm ● 株寬：40至60cm
● 耐寒溫度：－17至－23℃ ● 原產地：中國・台灣

    土壤條件

植株栽培長大後開更多花。花朵像在秋空中縱橫飛舞，姿態賞心悅目。

1	2	3	4	5	6	7	8	9	10	11	12

花

Aster cordifolius

Symphyotrichum cordifolium

紫菀屬植物中耐陰性較強，種在半遮陰場所也會開花。整個植株開滿雛菊般桃紅色小花，將秋季庭園妝點得美不勝收。6月下旬前進行縮剪，即可抑制植株生長，避免植株倒伏，促進開花。紫菀屬植物葉片上易因菊方翅網椿象啃食，留下白色細線狀斑點而顯得不美觀。原生種的受害情形較輕微，可維持漂亮狀態順利越夏。分株後就能輕易地繁殖。原生種與友禪菊的交配種Little Carlow園藝品種已經在市面上流通。

運用巧思／於秋季開花，組合栽種同時期開花的秋牡丹的同類、台灣油點草等植物，就能打造無花時期依然精采吸睛的秋季庭園。

● 菊科 ● 落葉性多年生草本植物
● 株高：60至100cm ● 株寬：45至60cm
● 耐寒溫度：－29至－35℃ ● 原產地：北美

   土壤條件

野趣十足的淺桃紅色小花。

1	2	3	4	5	6	7	8	9	10	11	12

花

97

台灣油點草
Tricyrtis formosana

油點草屬植物也自生於日本，但大多纖細脆弱，不太適合庭園栽種。台灣油點草體質強健，地下莖蔓延生長後，長成高大植株，每年秋季都能確實地開花。通常以「油點」名義流通，不易分辨，但從莖部尾端向上開花，與地下莖蔓延生長就能清楚分辨。本種與日本自生種的交配種陸續栽培產生。種在濕潤場所時，全日照也能健康地生長。反之，種在極端乾燥環境時，葉尾轉變成茶色而不美觀。分株就能輕易地繁殖。

運用巧思／花少的秋季期間開花的寶貴植物。組合栽種相同時期開花的秋牡丹同類或紫菀屬等植物，就能構成秋季風情濃厚的庭園植栽。

● 百合科 ● 落葉性多年生草本植物
● 株高：60至80cm ● 株寬：40至60cm
● 耐寒溫度：－13至－23℃ ● 原產地：日本・中國・台灣

 土壤條件 ~

體質強健無比，開花時風情萬種，秋意濃厚。

1	2	3	4	5	6	7	8	9	10	11	12
								花			

橐吾
Ligularia cvs.

以具光澤感的圓形大葉片為特徵，除了綠葉品種外，還有許多銅葉園藝品種。銅葉品種種在落葉樹下等場所，初春萌發新芽時，稍微照射太陽，葉色就顯得更鮮豔，環境太陰暗時，綠色增強。隨著季節更迭，銅色越來越淡後帶綠色。盛夏季節開橙色花，與葉色的色彩對比也賞心悅目。喜愛富含有機成分的環境，種在排水較差的濕地也健康地生長。反之，絕對避免乾燥，氣候太炎熱的地區栽種時，枝葉垂頭喪氣，因此，栽種時應盡量挑選不會照射到直射陽光的涼爽場所。

運用巧思／其他種類植物很罕見的圓形銅葉，成為庭園的觀賞重點。組合栽種紫露草屬植物、金錢草（圓葉遍地金）等性喜水分的植物，更方便維護整理。

● 菊科 ● 落葉性多年生草本植物
● 株高：60至90cm ● 株寬：45至60cm
● 耐寒溫度：－29至－35℃ ● 原產地：日本・中國

 土壤條件

橐吾（Britt Marie Crawford）銅葉品種中葉色濃厚程度數一數二的植物。

1	2	3	4	5	6	7	8	9	10	11	12
						花					
			葉								

花朵賞心悅目又能享受花香的 Stained Glass。

玉簪

Hosta spp. & cvs.

遮陰庭園不可或缺的植物。園藝品種陸續栽培產生，葉色、大小、草姿、花色、花香等變化多到難以計數。以日本山野的自生種進行交配，日本氣候非常適合栽種，放任不管也能健康地生長。植株老化後，草姿不亂，空間許可時，栽培成大植株更壯觀。喜愛富含有機成分的土壤。以「明亮遮陰」場所最理想，但通常綠葉系品種與黃葉系品種比較耐直射陽光照射。

運用巧思／可構成庭園觀賞重點與架構的植物。以喜愛的品種為主，配置後，周圍組合栽種各類多年生草本植物即可。搭配泡盛草、紫露草屬植物等，除顏色外，加入不同草姿的植物更能彼此突顯襯托。

● 別名：Hosta ● 天門冬科 ● 落葉性多年生草本植物
● 株高：15至70cm ● 株寬：15至70cm
● 耐寒溫度：−29至−35℃ ● 原產地：日本・中國・朝鮮半島

●   →綠葉種・黃葉種　　土壤條件 🌢🌢 ～ 🌢🌢

Aphrodite 源自於中國產圓葉玉簪的園藝品種。夏季綻放具芳香性的白花。

August Moon 最具黃葉系代表性的園藝品種。面積狹小的中型庭園也適合栽種。

寒河江 日本栽培產生的大型品種。植株會長高，適合種在花壇後方。

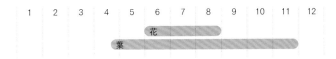

1	2	3	4	5	6	7	8	9	10	11	12
				花							
	葉										

Frances Williams 自古廣為熟知的大型品種。葉斑高雅，容易搭配其他植物。

99

莢果蕨

Matteuccia struthiopteris

像噴泉般逐漸展開的明亮綠葉，帶來春天的消息。新芽可食用。地下莖旺盛生長蔓延，可能從意想不到的地方冒出。剛萌發新芽時，以手就能輕易地拔起。因此，發現不必要的植株時，應立即拔除。耐乾燥能力較弱，適合種在不會照射直射陽光的潮濕遮陰場所。

運用巧思／植株生長後，葉片盡情地舒展，因此不太適合狹窄場所栽種。組合栽種作為莢果蕨萌發新芽時期開花的心葉牛舌草、療肺草、黃花種豬牙花、蔓花忍同類（天藍繡球屬）等植物的背景，即可構成充滿自然氛圍的春季植栽。盛夏時期葉易受損，組合栽種夏季也旺盛生長的玉簪等植物，庭園就能維持漂亮狀態。

- 別名：鴕鳥蕨 ● 球子蕨科 ● 落葉性多年生草本植物
- 株高：80至100cm ● 株寬：80至100cm
- 耐寒溫度：－35至－40℃ ● 原產地：北半球溫帶地區

 　土壤條件

抽出嫩綠新芽時景象。地下莖蔓延生長，可形成大群落。

1	2	3	4	5	6	7	8	9	10	11	12
			葉								

掌葉鐵線蕨

Adiantum pedatum

以蓬鬆飄逸的草姿，與小葉接連生長隨風搖曳的葉，為庭園增添閑靜優雅氛圍。帶紅色的新葉美得令人驚嘆，種在綠葉植物叢中顯得格外耀眼。葉漸漸地轉變成綠色，黑色葉柄與綠色葉片的色彩對比最美。乾燥是葉片維持漂亮的大敵。土壤大量混入有機成分，即可提昇保濕作用。最適合種在不會照射到直射陽光的遮陰環境。

運用巧思／紋理質感纖細脆弱，組合栽種長著圓形大葉的玉簪或蓁吾等植物，形成強烈對比就顯得更耀眼。搭配春天開花的多年生草本植物，組合栽種新芽染成金黃色的黃金青莢葉，春季植栽就會有華麗精采的表現。

- 鳳尾蕨科 ● 落葉性多年生草本植物
- 株高：30至70cm ● 株寬：30至50cm
- 耐寒溫度：－35至－40℃ ● 原產地：日本至西馬拉亞・北美東部地區

 　土壤條件

綠中帶紅葉的漂亮新葉最吸睛。

↑葉子在夏天時會轉變為充滿清涼感的綠色。

1	2	3	4	5	6	7	8	9	10	11	12
			葉								
		新葉									

紅孢鱗毛蕨
Dryopteris erythrosora

長出燃燒似的紅銅色新芽，實在漂亮。葉漸漸地轉變成綠色，具光澤感的常綠葉，長期間為庭園增添綠意。通常自生於山野，耐暑性絕佳。具相當程度的耐乾燥能力，但種入富含有機成分的濕潤土壤，葉才能維持漂亮狀態。

運用巧思／種在建築物圍繞般相當陰暗的場所也會生長，但紅色新芽不太能期待。亦可當作地被植物，因此，群植方式更能突顯這種植物的生動活潑魅力。也適合構成繡球花、青莢葉等落葉灌木腳下植栽時採用。組合栽種玉簪、橐吾等長著大圓葉的植物，與葉裂細緻的葉片纖細紋理質感形成鮮明對比，即可為庭園增添變化。

- 三叉蕨科 ● 常綠多年生草本植物
- 株高：40至70cm ● 株寬：40至70cm
- 耐寒溫度：－9至－12℃ ● 原產地：日本 · 中國 · 朝鮮半島

   土壤條件

新葉帶紅色或橘色，非常漂亮。

1	2	3	4	5	6	7	8	9	10	11	12
葉											

新葉

葉蘭
Aspidistra elatior

由地下莖直接長出葉片後，筆直地縱向伸展的獨特草姿最吸引目光。長久以來一直認為原產於中國，據近年來的調查報告顯示，事實上，這是原產於日本九州至吐噶喇群島的植物。春季期間貼近地面開紫紅色花，花不耀眼，若不注意可能錯過。自古以來就栽培用於包裹食材，栽種斑葉則供欣賞。耐乾燥能力強，體質強健，放任不管也能健康地生長，但，種在不會照射直射陽光的濕潤遮陰場所，葉片光澤感才能維持。相當陰暗場所栽種也沒問題，依然健康地生長。

運用巧思／建築物圍繞般極度陰暗場所也可栽種。綠葉種葉色更深濃，但感覺較黯淡。栽種斑葉品種，庭園植栽顯得更明亮。

- 天門冬科 ● 常綠多年生草本植物
- 株高：60至90cm ● 株寬：30至60cm
- 耐寒溫度：－9至－12℃ ● 產地：日本 · 中國

  土壤條件

旭 葉片分布著暈染狀態的白斑，照亮遮陰環境。

1	2	3	4	5	6	7	8	9	10	11	12
葉											

匍枝亮葉忍冬

Lonicera nitida

枝條上緊密長出具光澤感的細葉，易分枝構成茂盛草姿。植株大小也適合狹小場所採用。春季開乳白色小花，但花不耀眼。萊姆色葉、斑葉等園藝品種陸續栽培產生，可將遮陰庭園妝點得更明亮。遇強霜時，葉帶紫紅色。體質強健，但夏季西曬後，易因太乾燥而出現葉燒現象或落葉。覆蓋以抑制土壤乾燥的效果絕佳。
運用巧思／構成小型多年生草本植物背景時最活躍的植物。萊姆色葉與老鸛草的藍紫色花形成的色彩對比最漂亮，也很適合構成繡球花等落葉灌木腳下的植栽。常綠葉可為冬季枯黃景色增添色彩。耐修剪能力強，因此也適合構成低矮綠籬或當作地被植物。

● 忍冬科 ● 常綠多年生草本植物
● 株高：30至60cm ● 株寬：60至90cm
● 耐寒溫度：－12至－18℃ ● 原產地：中國西南部

  土壤條件 ~

Baggesen's Gold 具代表性的園藝品種。葉為萊姆綠色。

	1	2	3	4	5	6	7	8	9	10	11	12
葉												
紅葉												

四季蒾

Skimmia japonica

雌雄異株，賞花用（雄株）與賞果用（雌株）等園藝品種陸續栽培產生。需要雌雄植株才會結果。厚實、具光澤感的深綠葉片，與秋天成熟的碩大紅色果實形成絕妙色彩對比。春季，以深綠色葉為背景，將緊密聚集著小花的花穗襯托得更耀眼。花散發著清新香氣。喜愛富含有機成分的濕潤土壤，不喜歡乾燥。適合種在不會照射直射陽光的場所。
運用巧思／具耐陰性，種在相當陰暗場所也會生長，但環境太陰暗時，開花狀況不佳。清新優雅的葉直到冬季都還充滿著存在感，種在落葉植物株間，就能緩和冬季荒涼景象。狹窄空間栽種低矮草花常綠植物時的絕佳背景樹。

● 芸香科 ● 常綠灌木
● 株高：60至120cm ● 株寬：90至150cm
● 耐寒溫度：－12至－18℃ ● 原產地：日本・中國

   土壤條件

Rubella 紅紫色花蕾與白花的鮮明色彩對比最美。雄株品種。

↑秋天成熟的紅色果實，直到冬天都能盡情觀賞

	1	2	3	4	5	6	7	8	9	10	11	12
花												
果實												
葉												

千兩

Sarcandra glabra

新年裝飾不可或缺的植物。具光澤感的葉與秋天結的紅色果實形成的色彩對比最美。果實結在枝條尾端而格外耀眼，可跨年長時期欣賞。結黃色果實的園藝品種也栽培產生。耐陰性強，「陰暗遮陰」場所也適合栽種，但開花狀況比較差。體質強健，放任不管也能健康地生長，不過，照射中午前後的強烈陽光時，葉色褪色不美觀。葉接觸寒風易損傷，因此種在樹木圍繞的環境比較理想。開白色小花，觀賞價值不高。

運用巧思／葉具光澤感，葉色亮綠，不會顯得太陰暗。種在細葉東瀛珊瑚前方，以深綠色葉為背景，即可將紅色果實襯托得更耀眼，還可欣賞不同葉色之美。

● 金粟蘭科 ● 常綠灌木
● 株高：50至80cm ● 株寬：30至60cm
● 耐寒溫度：−6至−9℃ ● 原產地：包括日本的亞洲溫帶至亞熱帶地區

土壤條件

ARS

具光澤感的明亮綠葉，將紅色果實襯托得更鮮紅耀眼。

1	2	3	4	5	6	7	8	9	10	11	12
果實										果實	
葉											

硃砂根（萬兩）

Ardisia crenata

自生於杉木造林地等場所，種在相當陰暗的遮陰場所也健康地生長。耐陰性優於生長在相同環境的千兩。秋天，植株上垂掛著成熟的紅色果實，與具光澤感的深綠葉色形成鮮明色彩對比，可長時間欣賞。種子藉由鳥兒的傳播後也會自然地萌芽生長。如同千兩，因為名稱與漂亮果實而被當作新年裝飾。體質強健，性喜濕潤場所。照射中午前後的強烈陽光時，葉色會褪色不漂亮。

運用巧思／草姿小巧，狹窄場所也容易運用。植株不太分枝，栽種複數植株提升分量感後看起來更壯觀。栽種紅葉品種即可在深綠色葉色植物林立的遮陰庭園形成觀賞重點。

● 報春花科（櫻草科）● 常綠灌木
● 株高：40至100cm ● 株寬：30至60cm
● 耐寒溫度：−12至−15℃ ● 原產地：日本至印度北部

土壤條件

JBP-T.Maki

紅孔雀 帶黑色的紫紅色葉，布滿紅色葉斑。

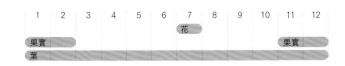

1	2	3	4	5	6	7	8	9	10	11	12
						花					
果實										果實	
葉											

香菫菜
Viola odorata

具光澤感的深綠色葉與深紫色花的色彩對比最吸睛。開花後四處飄香，散發著甘甜香氣，花香濃郁，讓人發現開花。耐陰性強，種在茂密的大樹底下般陰暗場所也開花。討厭乾燥，適合種在富含有機成分的濕潤場所。溫帶地區種在涼爽遮陰場所，植株也健康茁壯。順便一提，與流通名為香菫菜的三色菫易混淆，以「重瓣香菫菜」名稱流通的植物，通常是雜交種。

運用巧思／小型種植物，狹小場所也容易運用。適合種在各類植物的腳下地帶。植物紛紛進入休眠狀態期間開花，因此亦可散種在落葉植物株間。

● 別名：Sweet violet ● 菫菜科 ● 常綠多年生草本植物
● 株高：10至15cm ● 株寬：20至40cm
● 耐寒溫度：－10至－15℃ ● 原產地：亞洲西部至歐洲

   土壤條件

開紫色花時，周邊充滿甘甜香氣。

1	2	3	4	5	6	7	8	9	10	11	12
花											花

大花雪花蓮
Galanthus elwesii

大部分植物還處在睡眠狀態的早春時節，已經從灰綠色葉之間抽出花莖，低頭綻放著白色小花。初夏，葉枯萎，進入休眠狀態。以落葉樹下栽種最理想，開花期間盡量照射陽光，處於休眠狀態的夏季期間，則以樹陰下的涼爽場所為宜。生長期間環境太乾燥時，易出現植株尚未充分地儲存養分就進入休眠狀態，隔年不開花只長葉等現象。喜愛富含有機成分的鬆軟土壤，進行土壤改良即可。

運用巧思／適合組合栽種仙客來（coum）、聖誕玫瑰等同時期開花，喜愛落葉樹下環境的植物。種在金縷梅腳下，或搭配紅色枝條的紅瑞木，即可使枯黃的冬季庭園有更華麗的表現。植株相當小，建議盡量採用群植方式。

● 石蒜科 ● 落葉性多年生草本植物（球根植物）
● 株高：15至20cm ● 株寬：15cm
● 耐寒溫度：－30至－35℃ ● 原產地：巴爾幹半島

  土壤條件

在枯萎荒涼的庭園裡，早一步開花，帶來春天的消息。

1	2	3	4	5	6	7	8	9	10	11	12
花											

聖誕玫瑰

Helleborus spp.

遮陰庭園不可或缺的多年生草本植物，冬季花少時期至早春期間，為庭園增添華麗感的寶貴植物。以冬季至初夏期間照射陽光，夏季休眠期的落葉樹下遮陰處最理想，但實際上具適應環境能力，因此種在一年四季照不到陽光的建築物或常綠樹下等遮陰處也會開花。適合種在富含有機成分，排水性、保水性俱佳的土壤。

運用巧思／夏季休眠，因此，相當陰暗場所栽種也沒問題。植栽時種在最具耐陰植物代表性的玉簪與風知草植株間，這些植物的葉就會幫忙遮擋夏季姿態。玉簪等落葉後，聖誕玫瑰登上主角寶座。種在棣棠花、繡球花等落葉灌木腳下也能發揮相同效果，構成一年四季都賞心悅目的庭園植栽。

● 別名：Christmas rose・Helleborus　● 毛茛科　● 常綠多年生草本植物
● 株高：30至50cm　● 株寬：40至60cm
● 耐寒溫度：−30至−35℃　● 原產地：歐洲

  土壤條件

→ Hybridus(*H.* × *hybridus*) 交配後產生許多花色花形不同的品種。體質強健，容易栽培。

Niger (*H. niger*) 聖誕玫瑰品種中最先開花，帶來春天即將來訪的訊息。

1	2	3	4	5	6	7	8	9	10	11	12
花		Niger									
	花		Hybridus								

雪割草

Hepatica nobilis var. *japonica* cvs.

生長於自生環境時，雪融化後，最先開花的植物。花色、花形豐富多彩，以花色富於變化的三角草（自生於日本海側）交配產生。冬季期間自生種躲在雪中而受到保護，直接接觸寒風，葉損傷後不美觀。以早春時節陽光普照的落葉樹下最理想。適合種在富含有機成分，土壤濕潤的場所。統稱自生於日本的獐耳細辛屬植物，以「雪割草」名稱流通，但櫻草屬植物也有日文名相同的種類。

運用巧思／單獨種在落葉樹腳下即可，但夏季只長著葉。種在玉簪、日本蹄蓋蕨等夏季長著漂亮葉片，冬季地上部分消失的植物株間，就能構成一年四季花朵繽紛綻放的美麗庭園。

● 別名：三角草・大三角草・沙洲草　● 毛茛科　● 常綠多年生草本植物
● 株高：10至20cm　● 株寬：10至20cm
● 耐寒溫度：−15至−18℃　● 原產地：日本

 土壤條件

春天率先開出小巧可愛花朵。

1	2	3	4	5	6	7	8	9	10	11	12
	花										

仙客來

Cyclamen spp.

適合日本室外栽培的仙客來屬原種，可大致分成秋季開花的常春藤葉仙客來，與冬季開始開花的小花仙客來兩種，都是球根越大，花數越多，開花越壯觀的品種。葉也頗具特徵，由深綠色葉到分布著白斑，甚至是整個葉片為漂亮銀白色，種類豐富多元。夏季期間地上部分消失，進入休眠狀態，秋季再開始生長。生長期以全日照環境為佳，休眠中以涼爽遮陰場所較理想。喜愛富含有機成分的濕潤又排水良好的場所。有點坡度的場所更理想。
運用巧思／最適合構成落葉樹腳下植栽時採用。小花仙客來與聖誕玫瑰同時期開花，因此適合與冬末開始至春季妝點庭園的植物組合栽種。

● 報春花科（櫻草科）● 落葉性多年生草本植物（球根植物）
● 株高：10至15cm ● 株寬：10至20cm
● 耐寒溫度：－23至－28℃ ● 原產地：地中海沿岸地區

  　　　　　　　　　　　　　　土壤條件

→Hederifolium (*C. hederifolium*) 花朵酷似常見的仙客來縮小版。秋季開花。

JBP-H.Imai

S.Tsukie

Coum (*C. coum*) 花徑約2cm的甜美可愛花朵，冬季開始綻放。

1	2	3	4	5	6	7	8	9	10	11	12
	花		Coum				Hederifolium 花				

療肺草

具光澤感的綠葉上，分布著各種形狀的銀白色葉斑。春季期間落葉性多年生草本植物長出葉片之前，早一步抽出好幾根花莖後，開滿紅色至紫紅色花。喜愛濕潤環境，太乾燥時，葉緣很快呈現枯萎狀態。高溫時期直射陽光，易出現葉燒、葉片褪色等現象。溫帶地區適合種在照不到直射陽光的涼爽場所，加厚覆蓋以防止地溫上升。一再地交配後產生許多花色、葉色各不相同的園藝品種。細葉系統（longifolia系）具耐暑性。
運用巧思／初春時節照射直射陽光，葉斑更鮮明漂亮。因此，以落葉樹下栽種最理想，但種在相當陰暗的遮陰處也不會影響生長。

● 紫草科 ● 常綠‧半常綠多年生草本植物
● 株高：30cm ● 株寬：30至40cm
● 耐寒溫度：－30至－35℃ ● 原產地：歐洲

   　　　　　土壤條件

S.Tsukie

Diana Clare 長葉品種，耐暑性絕倫。

1	2	3	4	5	6	7	8	9	10	11	12
		花									
葉											

岩白菜
Bergenia cvs.

長著厚實又具光感的大圓葉，種在庭園中格外耀眼。早春抽出大紅色花莖，開滿桃紅色花。花、花莖與深綠色葉形成的色彩對比最賞心悅目，寒冬時節轉變成紅色的葉更是美不勝收。易栽培，扎根後，耐乾燥能力強，照射多少直射陽光，葉都不會損傷。但由老葉開始枯萎，需適時地整理葉片。植株老化後，植株中心宛如形成空洞，出現這種情形時，就必須分株。適應日照條件範圍廣。

運用巧思／一年四季穩定生長，葉以最漂亮狀態留在庭園裡，因此適合組合栽種風知草、玉竹等落葉植物，或當作地被植物種在落葉樹腳下。

- 別名：喜馬拉雅虎耳草 ● 虎耳草科 ● 常綠多年生草本植物
- 株高：30cm ● 株寬：40cm
- 耐寒溫度：－30至－35℃ ● 原產地：俄羅斯・中國

   　　　　土壤條件

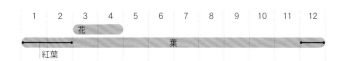

↑寒冬時期葉轉變成紅色。

桃紅色花加上漂亮葉片，魅力無窮，一年四季都可欣賞。

1	2	3	4	5	6	7	8	9	10	11	12
		花									
						葉					
紅葉											

藍鈴花屬植物
Hyacinthoides spp.

冬季休眠的多年生草本植物萌發新芽時，開滿小巧釣鐘狀花的秋植球根植物。初夏葉片枯萎，地上部分消失，進入休眠狀態。原本自生於落葉樹林地，環境太乾燥時，充分形成養分前，就進入休眠狀態，隔年開花數減少。目前有西班牙藍鈴花與英國藍鈴花兩種。兩種非常相似，但後者花朵小巧，花莖像弓，呈垂枝狀。溫帶地區以前者較容易栽培。

運用巧思／適合種在落葉樹下的自然風庭園。單獨栽種時，進入休眠期後，庭園形成空洞，因此最好採用群植方式，種在其他植物株間。長著葉片期間，為了讓植株充分地行光合作用，建議組合栽種淫羊藿屬植物等植株低矮的植物。

- 別名：Blue Bell・西班牙藍鈴花
- 天門冬科 ● 落葉性多年生草本植物（球根植物）
- 株高：20至40cm ● 株寬：20至30cm
- 耐寒溫度：－30至－35℃ ● 原產地：地中海沿岸地區

   　　　　土壤條件

西班牙藍鈴花 (*H. hispanica*) 強壯的花莖上開出許多吊鐘狀花朵。

1	2	3	4	5	6	7	8	9	10	11	12
			花								

→豬牙花 (*E. japonicum*)
自生於日本山區。
纖細脆弱，不易栽培。

JBP-A.Takemae

豬牙花屬植物
Erythronium ssp. & cvs.

廣泛分布於北半球溫帶地區。自生於日本的豬牙花，於落葉樹發芽長葉前，積雪剛融化後，開出可愛的桃紅色花，短短一個月後，地上部分就枯萎，進入休眠時期。黃花種豬牙花是北美自生種交配後產生的園藝品種，由厚實又具光澤感的葉片之間抽出修長花莖後，綻放鮮豔黃色花。體質強韌，耐乾燥能力強，少失敗。兩者都喜愛落葉樹下富有機成分的濕潤場所。加厚覆蓋腐葉土即可防止地溫上升與太乾燥。

運用巧思／一起栽種幾株，開花時更漂亮、更壯觀。植栽時種在淫羊藿、紫唇花等植株低矮的常綠植物株間，早春至春季持續開花，休眠期花壇就不會形成空洞。

● 別名：Erythronium ● 百合科 ● 落葉性多年生草本植物
● 株高：10至30cm ● 株寬：20cm
● 耐寒溫度：－23至－28℃ ● 原產地：北半球溫帶地區

  土壤條件

JBP-M.Fukuda

西洋豬牙花 (*E.* 'Pagoda') 易栽培，每年都會開出鮮豔黃色花。

1	2	3	4	5	6	7	8	9	10	11	12
			花								

心葉牛舌草
Brunnera macrophylla

以碩大心形葉最具特徵，春季開淺藍色花，像極了勿忘草。花漂亮，但近年來，斑葉、整片葉呈現亮麗銀白色的園藝品種等，葉片漂亮的種類相關介紹越來越常見。綠葉品種照射多少朝陽都沒問題，斑葉品種照射直射陽光就出現葉燒現象。不耐乾燥，建議種在富含有機成分的濕潤場所。溫帶地區栽培時，植株易因天氣太熱而弱化，栽種時應盡量挑選涼爽場所。

運用巧思／春季落葉性多年生草本植物長出葉片時期開花。柔美草姿最適合搭配莢果蕨、掌葉鐵線蕨等葉片隨風搖曳的植物，亦可於植栽時種在藍鈴花或黃花種豬牙花等夏季休眠的植物株間。寒帶地區還可當作遮陰庭園的地被植物。

● 別名：Burunera ● 草科 ● 半常綠多年生草本植物
● 株高：30至40cm ● 株寬：30至50cm
● 耐寒溫度：－35至－40℃ ● 原產地：土耳其至高加索地區

 土壤條件

S.Tsukie

Hadspen Cream 耐暑性較強，布滿乳白色覆輪葉斑。

1	2	3	4	5	6	7	8	9	10	11	12
			花								
			葉								

淫羊藿屬植物

Epimedium spp.

將近60個品種廣泛分布於亞洲至歐洲等地區。近年來，中國也介紹了不少珍貴品種，大多被視為山野草。耐乾燥能力強，常綠種的葉片一年四季維持漂亮狀態，打造庭園時一定要採用。屬中不乏新芽漂亮與寒冬時節轉變成紅葉的品種。春天開花，花形充滿個性美的種類也不少，但花朵被葉片遮擋比較不顯眼與花期短令人覺得遺憾。栽種常綠種時，建議春天長出新葉前適度地修剪受損葉片。

運用巧思／耐陰性、耐乾性兼備，種在任何遮陰場所都能生長。植株低矮，適合構成花壇前方植栽時採用。常綠種組合栽種其他落葉性植物，冬季庭園就不荒涼，同時也是非常活躍的地被植物。

● 別名：Epimedium ● 小蘗科 ● 落葉・常綠多年生草本植物
● 株高：15至30cm ● 株寬：20至45cm
● 耐寒溫度：−15至−20℃ ● 原產地：日本・中國・地中海沿岸地區

    土壤條件 ~

常綠淫羊藿 (*E. sempervirens*) 花莖抽高至葉上，花格外耀眼。新芽也漂亮。常綠植物。

Epimedium versicolor 'Sulphureum' (*E.* × *versicolor* 'Sulphureum') 開淺黃色花，冬季期間葉轉變成紅色。常綠植物。

1	2	3	4	5	6	7	8	9	10	11	12
			花				葉				
		紅葉									

Epimedium perralderianum (*E. perralderianum*) 常綠植物，耐乾燥能力強，葉一年四季維持漂亮狀態。絕佳地被植物。開黃色花（上）、冬季葉帶紅色（左）、春季至秋末都能欣賞美麗綠葉（右）。

蝴蝶花（日本鳶尾）
Iris japonica

日本山野常見的多年生草本植物，很久以前由中國傳入日本後落地生根。自生於杉木造林地等非常陰暗的場所。喜愛富含有機成分的濕潤場所，討厭乾燥。接觸寒風時葉易損傷，體質強健，生長絕對沒問題。春天綻放白底藍色斑點的花朵，宛如衝向天際的煙火，照亮了陰暗遮陰處。日本栽種的植株不結種子。另有日本俗稱「筋鳶尾」的斑葉園藝品種。

運用巧思／和風庭園常用植物。活用細長葉縱向生長，個性十足的草姿，組合栽種斑葉瑞香或紫唇花等彩葉植物，陰暗遮陰庭園就有截然不同的演出。

● 鳶尾科 ● 綠多年生草本植物
● 株高：30至50cm ● 株寬：30至50cm
● 耐寒溫度：－10至－15℃ ● 原產地：中國・孟買

  　　　　　　土壤條件 ～

JBP-Y.Itoh

花形纖細的白花，浮出背景似地照亮陰暗處。

1	2	3	4	5	6	7	8	9	10	11	12
			花								
葉											

天藍繡球屬植物
Phlox spp.

匍匐生長的天藍繡球，自生於北美東部的落葉樹林等地帶，適合種在「明亮遮陰」至「半遮陰 上午照射」場所。最具代表性品種為Divaricata與Stolonifera（日文名蔓花忍），兩個品種皆喜愛富含有機成分的濕潤場所。日本氣候適合栽種，體質強健，加厚覆蓋腐葉土，避免地溫上升，效果更好。一到了春天，植株上開滿淺藍紫色花。另有白花、桃紅色花等品種。

運用巧思／落葉性多年生草本植物萌發新芽時期，開淺藍紫色花。因此，植栽時就種在掌葉鐵線蕨或莢果蕨等植物株間，庭園裡的春天氣息更濃厚。與Tiarella同時期開花，搭配性絕佳，也很適合搭配藍鈴花或黃花種豬牙花等球根植物而推薦採用。

● 別名：福祿考 ● 花蔥科 ● 常綠多年生草本植物
● 株高：20至30cm ● 株寬：20至30cm
● 耐寒溫度：－30至－35℃ ● 原產地：北美東部

 　　　　　　土壤條件 ～

→Phlox Stolonifera (*P. stolonifera*)
匍匐莖橫向蔓延生長，
花瓣與葉尾略圓。

JBP-H.Imai

S.Tsukie

Phlox・divaricata (*P. divaricata*) 枝葉茂盛生長，植株開滿淺藍色花。

1	2	3	4	5	6	7	8	9	10	11	12
			花								

紫唇花

Ajuga reptans cvs.

地下莖蔓延生長成地毯狀，5月一齊抽出挺拔的花穗，庭園景色盛況空前。基本上，除了紫色花品種外，還有開白色與桃紅色花等品種。葉色豐富多元的園藝品種也陸續栽培產生。適應環境範圍廣，溫帶地區若種在排水不良，中午前後照射強烈陽光的場所，植株就很容易生病而枯萎。有些品種可能出現葉燒現象，種在「明亮遮陰」至上午照射陽光的半遮陰場所，就健康地生長。種在「陰暗遮陰」場所也生長，但開花狀況變差。

運用巧思／適合當作遮陰庭園的地被植物。植株低矮，因此也很適合種在花壇最前方，使中景植物腳下部分顯得更凝聚，也建議組合栽種藍鈴花等，夏季地上部分枯萎進入休眠狀態的植物。

● 別名：西洋金瘡小草 ● 唇形科 ● 常綠多年生草本植物
● 株高：20cm ● 株寬：30cm
● 耐寒溫度：−17至−23℃ ● 原產地：歐洲

  →依品種　土壤條件 💧💧

→Chocolate Chip 美密生漂亮亮銅葉，長成地毯狀。需避開中午前後的強烈陽光。

一到春天就緊密地抽出開鮮豔藍紫色花的花穗。

1	2	3	4	5	6	7	8	9	10	11	12
			花								
葉											

玉竹

Polygonatum odoratum var. *pluriflorum*

擁有酷似薯蕷科薯蕷屬植物的根莖，味道甘甜，因而日文稱甘野老。通常自生於日本山地，耐暑性絕佳，植株強健，放任不管也能健康地生長，已陸續栽培產生許多斑葉品種，最廣泛流通的是白覆輪種「斑葉玉竹」。5月左右開花，葉柄基部分別低頭綻放著兩朵花，花朵開在彎曲成弓狀的莖部下方而不是很醒目。草姿看起來弱不禁風，其實根莖相當粗壯，耐乾燥能力強，種在半遮陰場所也健康生長沒問題。

運用巧思／適應環境範圍廣，不需要特別維護整理也會生長。一起栽種幾株，綠葉上的斑紋更醒目而成為觀賞重點。草姿感覺明亮，也很適合搭配蔓花忍的同類與老鸛草屬植物。

● 別名：鳴子蘭 ● 天門冬科 ● 落葉性多年生草本植物
● 株高：30至60cm ● 株寬：20至30cm
● 耐寒溫度：−30至−35℃ ● 原產地：日本・中國・朝鮮半島

   　土壤條件 💧💧 ～

斑葉種玉竹。別於纖細外型，體質強健無比。

1	2	3	4	5	6	7	8	9	10	11	12
				花							
				葉							
						斑葉種					

111

老鸛草屬植物

Geranium ssp. & cvs.

栽培產生的園藝品種不勝枚舉，花色也豐富多元，歐美各國非常受歡迎的多年生草本植物之一。令人遺憾的是缺乏耐暑性，日本的溫帶地區難以栽培的品種非常多。不過，圖中介紹的品種、黑花老鸛草（phaeum）、比利牛斯老鸛草（Bill Wallis）等，原本喜愛全日照環境，但種在上午時段照射陽光，中午前後呈現遮陰狀態的涼爽場所，就能夠順利地越夏。大量添加有機物，改良成排水性、保水性兼具的土壤，加厚覆蓋腐葉土以防止地溫上升也很重要。

運用巧思／與葉色明亮的蔓花忍同類、斑葉玉竹的氛圍最契合。藍色花搭配匍枝亮葉忍冬的萊姆色葉，構成漂亮的色彩對比。

● 別名：風露草 ● 牻牛兒苗科 ● 常綠・半常綠多年生草本植物
● 株高：20至30cm ● 株寬：20至30cm
● 耐寒溫度：−23至−28℃ ● 原產地：原產地：日本・中國・歐洲

 　土壤條件 ◆◆ ~ ◆◆

→Geranium wallichianum '
Buxton'sVariety'
(*G. wallichianum* 'Buxton's Variety')
植株低矮，橫向生長，開藍紫色花。

S.Tsukie

JBP-S.Maruyama

Geranium×cantabrigiense 'Biokovo' (*G. × cantabrigiense* 'Biokovo') 矮小
植株上開滿淺桃紅色花。

1	2	3	4	5	6	7	8	9	10	11	12
				花							
紅葉										紅葉	

荷包牡丹

Lamprocapnos spectabilis

春天綻放一串串形狀可愛的粉紅色心形花，廣受歡迎的多年生草本植物。喜愛富含有機成分的濕潤場所。氣溫上升後，地上部分枯萎，進入休眠狀態。但環境太乾燥時，植株可能消失，需留意。加厚覆蓋腐葉土，效果更好。開花期間以全日照環境，休眠期間以落葉樹下等涼爽遮陰場所較理想。白花種、黃色葉園藝品種也在市面上流通。

運用巧思／最適合搭配莢果蕨、心葉牛舌草、蔓花忍同類、斑葉玉竹等，葉色明亮，草姿柔美的植物。植栽時種在玉簪株間，進入休眠狀態，地上部分消失後，玉簪就能填補該部分。

● 別名：釣鯛草 ● 罌粟科 ● 落葉多年生草本植物
● 株高：30至60cm ● 株寬：30至60cm
● 耐寒溫度：−17至−23℃ ● 原產地：中國・朝鮮半島

  　　土壤條件 ◆◆ ~ ◆◆

JBP-Y.Itoh

別名釣鯛草，讓人聯想起釣起鯛魚時情景。

1	2	3	4	5	6	7	8	9	10	11	12
			花								

小鳶尾
Iris gracilipes

自生於日本山區林地的多年生草本植物。5月左右，枝頭上同時開出好幾朵淺紫色花。相較於近親種鳶尾花，植株相當小巧，屬於冬季期間地上部分枯萎的落葉性植物。看起來纖細脆弱，其實體質強健，庭園栽種也不難。長出根莖後，植株漸漸地蔓延生長擴大範圍。植株之間形成空洞，花數減少後，宜透過分株，更新植株。白花與重瓣品種陸續栽培產生。

運用巧思／植株小巧，狹小場所也容易栽培。適合栽種一株欣賞柔美姿態，一起栽種幾株則可展現磅礴氣勢。開淺紫色花，組合栽種琥珀色礬根，就能欣賞色彩對比之美。落葉性植物，花期不長，亦可組合栽種野芝麻、淫羊藿屬等常綠植物。

● 鳶尾科 ● 落葉多年生草本植物
● 株高：15至30cm ● 株寬：20至30cm
● 耐寒溫度：−23至−28℃ ● 原產地：日本

 土壤條件

狀似日本鳶尾花，但整體上比較小，花葉也不同。

1	2	3	4	5	6	7	8	9	10	11	12

花

野芝麻
Lamium spp.

整片葉呈現銀白色、明亮黃色，或綠葉上分布著銀白色條狀葉斑等，葉色豐富多元的園藝品種陸續栽培產生，非常受歡迎的彩葉植物。春季開花，花朵耀眼又可愛。陰暗場所也可栽種，但環境太陰暗時，葉上白斑不鮮明。照射中午前後的直射陽光時，易出現葉燒現象，應盡量避免。建議種在排水良好的場所，夏季生長緩慢，環境太潮濕時需留意。反之，耐乾燥能力相當強。

運用巧思／葉色漂亮，橫向蔓延生長，因此是遮陰庭園不可多得的地被植物。組合栽種風知草、礬根、紫唇花等葉色漂亮的植物，就能打造長期間欣賞的遮陰庭園。

● 唇形科 ● 常綠多年生草本植物
● 株高：20至40cm ● 株寬：30至60cm
● 耐寒溫度：−30至−35℃ ● 原產地：歐洲・北非・亞洲西部

 土壤條件

黃花野芝麻 (*L. galeobdolon*) 植株高挑，葉布滿銀白色葉斑。

↑紫花野芝麻 (*L. maculatum*) 株高約20cm，匍匐地面似地橫向蔓延生長。

1	2	3	4	5	6	7	8	9	10	11	12

花
葉

礬根

Heuchera spp. & cvs.

草姿小巧，葉色多樣的園藝品種廣泛栽培產生，遮陰庭園不可或缺的植物。以自生於北美的品種重複交配後栽培產生，所以特性因品種而差異大。喜愛富含有機成分的濕潤場所。扎根較淺，耐乾燥能力弱，因此，加厚覆蓋效果非常好。有些品種的花朵缺乏魅力。判斷認為不需要時，去除花莖亦可。

運用巧思／耐陽光照射程度因品種而不同。相較於其他葉色的品種，深紫色、琥珀色等園藝品種比較耐陽光照射，上午的陽光照射程度通常都可接受。當作地被植物群植於落葉灌木腳下更美。活用葉色還可構成觀賞重點。

● 虎耳草科 ● 常綠多年生草本植物
● 株高：20至30cm ● 株寬：30至40cm
● 耐寒溫度：−15至−35℃（因品種而大不同）● 原產地：北美

● ◯ ◑ →依品種　　　　　土壤條件 💧💧

1	2	3	4	5	6	7	8	9	10	11	12
					花						
葉											

礬根（Obsidian） 深紫色品種，耐直射陽光能力強，可安心使用。

Lime Rickey 清新脫俗的萊姆色葉。直射陽光易引發葉燒現象。花的觀賞價值不高。

Tiarella（*Tiarella* spp. & cvs.） 礬根的近親種，栽培方法相同。4月至5月期間開出可愛花朵，開花後還可欣賞形狀、顏色都個性十足的葉。群植更壯觀。與蔓花忍同類的搭配性絕佳。

Caramel 琥珀色葉，耐乾燥，耐陽光照射能力也強。

藍雪花的同類

Ceratostigma spp.

植株茂盛生長，長期間持續綻放藍色小花。從冬季期間地上部分枯萎的草本，到基部木質化後剩下枝條，完全不會落葉的半常綠種，型態相當多樣化，無論哪一種，一到了秋天都會轉變成紅葉。體質強健，耐暑性絕佳，但夏季期間適度覆蓋，防止地溫上升，避免葉片受損，秋天才能欣賞漂亮紅葉。

運用巧思／原本性喜全日照，但種在半遮陰場所也能充分地開花，會轉變成紅葉，因此，組合栽種槲葉繡球、小葉鼠刺、水甘草屬等秋季會轉變顏色的植物，每年的最後一季，庭園就會有更精采的演出。亦可用於凝聚落葉灌木腳下植栽。

- 別名：Ceratostigma
- 落葉・半常綠・常綠多年生草本植物，或小灌木
- 株高：20至60cm ● 株寬：30至90cm
- 耐寒溫度：－12至－28℃（因種類而不同）● 原產地：中國・喜馬拉雅地區

   土壤條件

→紫金蓮
(*C. willmottianum* Desert Skies)
葉為漂亮黃綠色的半常綠植物。
與藍紫色花的色彩對比最經典。

藍雪花（*C. plumbaginoides*）葉為漂亮黃綠色的半常綠植物。與藍紫色花的色彩對比最經典。

1	2	3	4	5	6	7	8	9	10	11	12
					花						
葉											
紅葉				彩葉種			落葉種只有11月			紅葉	

日本蹄蓋蕨

Athyrium niponicum var. *pictum* cvs.

以日本山野常見自生種，俗稱犬蕨的日本蹄蓋蕨栽培產生，葉色漂亮的植物。葉色為鮮豔銀白色或紫紅色，又以不同斑紋栽培出無數園藝品種。萌發新芽時色彩最清晰，隨著氣溫上升而越來越模糊。喜愛濕潤場所，太乾燥時葉尾易損傷。稍微照射直射陽光的場所，加厚覆蓋以提高保水性，即可預防葉燒現象發生。但體質強韌，不管葉燒多嚴重都不會影響生長。

運用巧思／與春天開花的植物搭配性絕佳。與藍鈴花的藍紫色、荷包牡丹的桃紅色、蔓花忍的淺藍色等，都能構成優雅漂亮的色彩組合。植栽時相鄰位置栽種薹草屬植物或礬根，冬季地上部分消失後，庭園景色依然不荒涼。

- 岩蕨科 ● 落葉多年草
- 株高：30至45cm ● 株寬：40至50cm
- 耐寒溫度：－28至－34℃ ● 原產地：日本

   土壤條件

具有無與倫比的漂亮葉色與獨特紋路。

1	2	3	4	5	6	7	8	9	10	11	12
			葉								

虎耳草
Saxifraga stolonifera

通常自生於山野潮濕岩石等遮陰場所的多年生草本植物。紫色匍匐莖生長後，蔓延成地毯狀。葉為腎形，沿著葉脈葉色泛白，葉背為漂亮深紫色。相較於種在濕度適中的環境，種在潮濕場所時，葉片更能維持漂亮狀態。初夏開白花，感覺清新優雅，但群植大範圍，一齊開花時氣勢更非凡。種在相當陰暗的場所也健康地生長，反之，稍微照射陽光就很容易出現葉燒現象。黃綠色葉與斑葉園藝品種也陸續栽培產生。

運用巧思／適合種在建築物北側，隨時呈現潮濕狀態的陰暗遮陰場所，群植大面積當作地被植物更壯觀。斑葉或彩葉品種適合像攀根般重點使用。

● 虎耳草科 ● 常綠多年生草本植物
● 株高：15至30cm ● 株寬：30至50cm
● 耐寒溫度：−17至−23℃ ● 原產地：日本・中國・朝鮮半島

 土壤條件 ~

↑野趣十足的虎耳草花。白花照亮陰暗場所。

御所車 白覆輪品種。斑部略帶紅色，非常漂亮。

1	2	3	4	5	6	7	8	9	10	11	12
				花							
葉											

大吳風草
Farfugium japonicum

通常自生於日本溫帶地區的沿海崖壁等環境。耐暑性絕佳，即便種在乾燥場所，具光澤感大葉也四季常綠不損傷。不挑選土質，放任不管也能健康地生長。秋末開花，鮮黃色花與深綠色葉形成漂亮色彩對比。花少時期不可多得，但花開到相當程度後結果，果實顯眼不美觀，建議及早切除花莖。

運用巧思／遮陰環境最可靠的地被植物。綠葉叢中重點使用斑葉種效果更好。草姿個性十足，相鄰位置栽種不同草姿、紋理質感的植物，就能增添變化。和風意象鮮明，組合栽種球根類、掌葉鐵線蕨、蔓花忍同類等葉色明亮的植物，就能構成感覺截然不同的植栽。

● 菊科 ● 常綠多年草
● 株高：30至50cm ● 株寬：30至60cm
● 耐寒溫度：−9至−12℃ ● 原產地：日本、朝鮮半島、中國、台灣

 土壤條件  ~

金環 綠色葉與葉緣白斑的色彩對比最漂亮。不會太搶眼，易搭配任何植物。越接近夏季，葉斑漸漸消失。

1	2	3	4	5	6	7	8	9	10	11	12
									花		
葉											

薹屬植物

Carex spp.

細長葉如噴泉般展開，葉色、紋理質感也都很有特色，可與各類草花構成變化萬千的組合。原生種更適合日本的氣候環境栽種，放任不管也會健康地生長。近年來廣泛流通，原產於紐西蘭的種類，高溫時期若照射陽光，植株易因暑熱與乾燥而弱化，必須適度覆蓋以保護植株基部。植株漸漸長大，長成老株後，株姿也不雜亂。因此空間足夠時，不需要定期分株。

運用巧思／葉色豐富多元，相當活躍的彩葉植物。組合栽種玉簪、岩白菜等氛圍的植物以形成對比，更能展現出細長葉纖細紋理質感。適合栽種的環境因種類而不同，建議依據遮陰類型區分使用。

- 別名：Carex ● 莎草科 ● 常綠・落葉多年生草本植物
- 株高：30至45cm ● 株寬：45至60cm
- 耐寒溫度：−23至−28℃ ● 原產地：日本・紐西蘭

● →依品種   →依品種　　土壤條件

棕紅薹草（*C. buchananii*）個性十足的紅銅色葉。適合「明亮遮陰」至「半遮陰 上午照射」場所栽種。原產於紐西蘭的常綠植物。

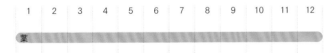

| 1 | 2 | 3 | 4 | 5 | 6 | 7 | 8 | 9 | 10 | 11 | 12 |

葉

寬葉薹草（*C. siderosticta*）綠葉品種適合「陰暗遮陰」至「半遮陰 上午照射」場所栽種。斑葉品種種在太陰暗場所時，易出現葉斑模糊現象，種在半遮陰場所則易引發葉燒現象，因此以「明亮遮陰」場所最理想。原產於日本的落葉種植物。

長穗薹草（加賀錦）（*C. dolichostachya* 'Kaga-nishiki'）個性十足的紅銅色葉。適合「明亮遮陰」至「半遮陰 上午照射」場所栽種。原產於紐西蘭的常綠植物。

Carex conica 'Snowline'（*C. conica* 'Snowline'）適合「陰暗遮陰」至「半遮陰 上午照射」場所栽種。原產於日本的常綠植物。

117

吉祥草
Reineckea carnea

自生於日本宮崎縣以西的陰暗林地。耐暑性絕佳，喜愛濕潤場所，不需要特別維護整理，根莖蔓延擴大生長範圍。因此，造成影響時，應適度地挖除。種在遮陰環境健康地生長，反之，照射夏季陽光時，葉片易因太乾燥而褪色。因此建議種在不會直射陽光的場所。秋季悄悄地綻放花瓣厚實的紫紅色花，但不仔細看易錯過。據傳家有喜事就容易開花，因此而得名。

運用巧思／耐陰性強，種在建築物圍繞的狹窄空間等非常陰暗的場所也會生長。深綠色葉本使陰暗遮陰處顯得更陰暗，建議使用葉片分布著乳白色條狀葉斑的園藝品種。

● 天門冬科 ● 常綠多年生草本植物
● 株高：10至30cm ● 株寬：20至30cm
● 耐寒溫度：－12至－18℃ ● 原產地：日本・中國

 土壤條件

綠色葉上分布著乳白色條狀葉斑的園藝品種。感覺很明亮。

1	2	3	4	5	6	7	8	9	10	11	12
										花	
葉											

沿階草屬植物
Ophiopogon spp.

通常自生於日本山野，日本氣候很適合栽種，放任不管也能健康地生長。「陰暗遮陰」也沒問題，葉一年四季維持漂亮狀態。夏季由植株基部抽出花莖後，低頭綻放白色花。秋季成熟轉變成鮮豔琉璃色，可跨年長期間欣賞。草姿酷似麥門冬，但開花狀態、果實顏色大不同。

運用巧思／栽種葉片分布白色條狀葉斑品種，即可為深綠色葉植物較多的陰暗遮陰庭園增添變化。葉色漆黑，魅力十足的沿階草（黑龍）適合群植當作地被植物，組合栽種開藍色花的藍鈴花，金色葉的風知草（All Gold）等植物，搭配效果更引人入勝。重點使用漆黑葉色，構成觀賞焦點亦可。

● 別名：龍鬚 ● 天門冬科 ● 常綠多年生草本植物
● 株高：20至30cm ● 株寬：20至30cm
● 耐寒溫度：－17至－23℃ ● 原產地：日本・中國・朝鮮半島

 土壤條件

→沿階草（*O. japonicus*）的白色條狀葉斑品種。地下莖橫向蔓延生長。

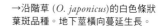

大葉麥冬（黑龍）（*O. planiscapus* 'Nigrescens'）具光澤感的黑葉最獨特。

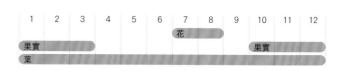

1	2	3	4	5	6	7	8	9	10	11	12
						花					
果實									果實		
葉											

麥門冬屬植物
Liriope spp.

以名為「斑葉麥門冬」的黃覆輪園藝品種最常見。都市綠化常用而隨處可見的植物。夏季抽出長著淺紫色小花的漂亮花穗，秋季果實成熟轉變成黑色。特徵為，匍匐莖不蔓延生長，植株漸漸長大，冬季葉片倒向地面。麥門冬屬植物草姿酷似沿階草屬植物，但從開花狀態與果實顏色就能分辨差異。「陰暗遮陰」場所也可栽種，體質極為強韌，植株漸漸長大。
運用巧思／斑葉種適合於綠葉植物叢中重點使用。綠葉麥門冬看起來反而更清新。群植於落葉樹植株基部，開花景象更令人驚豔，其他時期深綠色葉成為地被植物。

● 天門冬科 ● 常綠多年生草本植物
● 株高：20至45cm ● 株寬：20至40cm
● 耐寒溫度：−17至−23℃ ● 原產地：日本・中國

 土壤條件

→小麥門冬（銀龍）（*L. spicata* 'Silver Dragon'）
綠葉上分布白色條紋葉斑。匍匐莖蔓延生長。

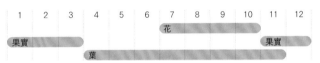

斑葉麥門冬（*L. muscari* 'Variegata'）綠葉上分布黃色覆輪。匍匐莖不蔓延生長，植株慢慢地長大。

1	2	3	4	5	6	7	8	9	10	11	12
						花					
果實										果實	
		葉									

風知草
Hakonechloa macra

葉片基部呈扭擰狀態，葉背出現在正面，因而日文稱為裏葉草。但以聽起來比較響亮的別名風知草更廣為熟知。日本固有種植物，體質強健無比，與玉簪並列遮陰庭園絕對不可或缺的植物。以傘狀噴泉般端正草姿最漂亮。植株老化後，草姿也不雜亂。在不影響植栽景觀前提下，將植株栽培長大更具觀賞價值。除了圖中品種外，另有金葉、較小型的All Gold（黃金風知草）等品種。
運用巧思／組合栽種Elegans或Frances Williams等大型品種玉簪，就能構成美不勝收的遮陰庭園架構。株間栽種聖誕玫瑰，地上部分消失的冬季至春季，庭園景色也不荒涼。

● 禾本科 ● 落葉多年生草本植物
● 株高：30至45cm ● 株寬：30至60cm
● 耐寒溫度：−23至−28℃ ● 原產地：日本

 土壤條件

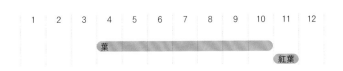

金風知草 最具代表性的斑葉品種。綠葉上分布黃色條狀葉斑。

1	2	3	4	5	6	7	8	9	10	11	12
		葉									
										紅葉	

富貴草
Pachysandra terminalis

具光澤感的厚實深綠色葉片，可使庭園充滿沉穩氣氛。常綠植物，適應日照條件範圍廣。體質強健，放任不管也能健康地生長。環境極端乾燥時，葉緣轉變成茶色。土壤充分地耕入有機物，加厚覆蓋，葉更容易維持漂亮狀態。兼具縮剪作用，適時地摘心，促進分枝，就能長成綠色地毯般漂亮狀態。春季抽出花穗後，開清新素雅白花。

運用巧思／深具耐陰植物代表性的地被植物。最適合用於填滿庭園鋪石與花壇之間、鋪石側邊等小小空曠地帶的寶貴植物。斑葉品種適合重點栽種，大量栽種時易顯雜亂。

● 黃楊科 ● 常綠多年生草本植物
● 株高：20至30cm ● 株寬：30至40cm
● 耐寒溫度：−23至−28℃ ● 原產地：日本・中國

 土壤條件

葉深綠，具光澤。適合當作地被植物。

1	2	3	4	5	6	7	8	9	10	11	12
			花								

葉（全年）

紫金牛
Ardisia japonica

江戶時代興起園藝風潮時曾肩負過重責大任的植物，栽培產生許多變形葉品種而廣獲喜愛。開白色小花，觀賞價值不高，但秋天成熟的鮮紅色果實與深綠色葉的色彩對比最美。自生於日本全國各地，日本氣候非常適合栽種，因此不需要特別維護整理，但種在富含有機成分的土壤，更容易維持漂亮葉色。原生於林地，因此種在相當陰暗的場所也健康地生長。照射直射陽光後，葉易出現褪色現象。

運用巧思／植株氣勢較弱，一起栽種幾株才能展現存在感。庭園使用斑葉品種時，選用斑葉清新的種類，比採用葉斑細緻的種類，更容易與其他植物構成理想配色。

● 櫻草科 ● 常綠小灌木
● 株高：20至30cm ● 株寬：30至50cm
● 耐寒溫度：−12至−18℃ ● 原產地：日本・中國・朝鮮半島・台灣

 土壤條件

白王冠 具代表性的白斑品種。感覺沉穩漂亮。

↑熟透的鮮紅果實也是魅力之一。

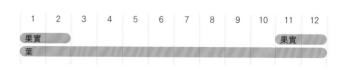

1	2	3	4	5	6	7	8	9	10	11	12
果實										果實	

葉（全年）

勿忘草屬植物
Myosotis cvs.

日本視為秋播一年生草本植物。充滿野趣的柔美草姿，最適合種在落葉樹下氛圍的場所。基本上喜愛全日照環境，種在落葉樹下時，從勿忘草屬植物生長的秋末至春天，就處於全日照環境，因此絕對可以採用。秋天栽種後不必維護整理，春天自然長成高大植株，綻放漂亮花朵。但初春時節氣溫上升時，環境若太乾燥，葉尾易損傷而變成茶色。因此建議種在富含有機成分的場所。

運用巧思／植栽時，同時期開花的聖誕玫瑰、心葉牛舌草、荷包牡丹、藍鈴花等植物旁，除了栽種藍色花外，也栽種桃紅色花、白花等園藝品種，即可打造自然又熱鬧繽紛的春季庭園。

● 別名：紫草科 ● 半常綠多年生草本植物（視為一年生）
● 株高：60至90cm ● 株寬：40至60cm
● 耐寒溫度：－17至－23℃ ● 原產地：北半球溫帶地區

     土壤條件

JBP-T.Maki

以春天綻放，充滿柔美氛圍的花最引人入勝。

1	2	3	4	5	6	7	8	9	10	11	12
		花									

毛地黃
Digitalis purpurea

初夏期間抽出開滿釣鐘狀大花的修長花莖，長時間開花。二年生或短命多年生草本植物通常開花、結果後就枯死。喜愛全日照環境，但種在半遮陰或「明亮遮陰」場所也會開出漂亮花朵。相同花姿的植物另有翠雀屬植物，但耐暑性差，溫帶栽種易呈現瘦弱花姿。毛地黃則不同，種在溫帶地區也能栽培出氣勢十足的草姿，配置在花壇後方，即可為庭園植栽營造縱深感。

運用巧思／種在落葉樹下時，建議組合栽種彩度較低的白色或乳白色花。搭配開藍色花的繡球花時，則構成充滿清新脫俗的組合。寒帶地區適合組合栽種假升麻。

● 別名：狐狸手套 ● 車前草科 ● 二年生草本植物，短命
● 株高：60至90cm ● 株寬：40至60cm
● 耐寒溫度：－17至－23℃ ● 原產地：歐洲

    土壤條件

JBP-T.Maki

抽出修長花莖後開滿花朵的美麗姿態，存在感十足。

1	2	3	4	5	6	7	8	9	10	11	12
				花							

非洲鳳仙花

Impatiens walleriana

初夏至秋季長期間持續開花。照射強烈直射陽光時,來不及補充水分,枝葉易顯得垂頭喪氣而不漂亮,因此,比較適合種在中午前後照不到陽光的場所。生長速度快,易缺乏肥料,必須定期追肥。新葉顏色越來越淡時就必須追肥。莖部過度生長,草姿雜亂時,宜縮剪整體的1/3至1/2。修剪幾週後再度開花。結種子後植株變衰弱,花謝後摘除殘花即可。環境太乾燥時易長葉蟎。

運用巧思/耐陰性相當強,種在建築物圍繞的陰暗場所也開花。盛夏也不斷地開花,因此,至秋季為止,限定期間進行補植,遮陰庭園顯得更熱鬧繽紛。

● 別名:非洲鳳仙花 ● 鳳仙花科 ● 不耐寒多年生草本植物 (視為一年生)
● 株高:20至40cm ● 株寬:30至50cm
● 耐寒溫度:5至10℃ ● 原產地:原產地:坦桑尼亞至莫三比克

  土壤條件

JBP-S.Maruyama

種在遮陰場所,天氣炎熱時期依然持續開花。

1	2	3	4	5	6	7	8	9	10	11	12

花

彩葉草

Plectranthus scutellarioides cvs.

葉色、紋路不同的品種不勝枚舉,讓人猶豫不知該挑選哪一種才好。除了播種繁殖之外,近年來,扦插繁殖的品種越來越廣泛流通,葉色也比過去更豐富精采。全日照環境也適合栽種,但以「明亮遮陰」場所較理想。入手小苗時,栽種後短期間內進行多次摘心,促使分枝,即可栽培成茂盛生長又不易倒伏的漂亮草姿。會抽出花穗,但易影響賞葉,摘除為宜。

運用巧思/組合栽種其他植物時,盡量使用葉色、紋路簡單素雅的品種。摻雜兩種以上顏色的葉、波浪狀葉都不容易組合,建議單獨種入花盆擺在庭園裡,象徵性地使用。

● 別名:金襴紫蘇・錦紫蘇 ● 唇形科
● 不耐寒多年生草本植物 (視為一年生)
● 株高:50至100cm ● 株寬:50至100cm
● 耐寒溫度:5至10℃ ● 原產地:東南亞

土壤條件

JBP-N.Kamibayashi

搭配其他植物時,單色葉更容易組合。

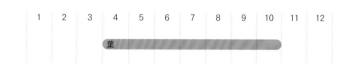

1	2	3	4	5	6	7	8	9	10	11	12

葉

各環境
適合植物一覽表

表中彙整出陰暗遮陰、土壤傾向乾燥等，
環境條件比較嚴峻場所也適合採用的植物。
依照背景、前景等植物種入庭園的位置分類，
希望更方便尋找庭園使用的植物。
詳情請參照植物相關說明。

種在陰暗遮陰場所也健康地生長

種在間接光也不能期待的陰暗遮陰場所，也健康生長的植物。

種在半遮陰下午照射場所也健康成長的植物

氣溫升高的上午、下午照射陽光的場所，栽種這些植物也健康生長。

種在傾向乾燥場所也健康生長的植物

種在不易淋到雨水的建築物周邊等，易傾向乾燥的場所也健康成長的植物。

種在排水不良場所也健康生長的植物

排水不良，經常處於潮濕狀態的場所栽種時，從這部分挑選吧！

依使用目的選擇植物一覽表

一年四季都適合構成綠色背景的植物

花壇後方有綠色背景，
可使前方植物看起來更漂亮。
表中彙整一年四季都適合構成漂亮綠色背景的植物。

	陰暗遮陰	明亮遮陰	半遮陰上午照射	半遮陰下午照射	頁碼
東瀛珊瑚	○	○			82
三菱果樹參	○	○	○		79
八角金盤	○	○	○		91
四季迷		○	○		102
含笑花		○	○		80
瑞香		○	○		84
馬醉木		○	○	○	83
十大功勞		○	○	○	90
草莓樹			○		91
梔子花			○		88
地中海莢蒾			○	○	85

適合秋季欣賞紅葉的植物

秋季可欣賞紅葉的植物。
不只是樹木，草花也會呈現漂亮紅葉狀態。
加入這類植物，庭園季節感更濃厚。

	陰暗遮陰	明亮遮陰	半遮陰上午照射	半遮陰下午照射	頁碼
澤繡球		○			90
日本楓		○	○		79
紅山紫莖		○	○		81
棣棠花		○	○		85
槲葉繡球		○	○	○	87
加拿大紅葉紫荊（Forest Pansy）			○		81
萼繡球			○		89
圓錐繡球（花＊＊）			○		89
小葉鼠刺			○	○	86
水甘草的同類			○		93
小葉瑞木			○		84
金縷梅屬植物			○		80
藍雪花屬植物			○	○	115

適合冬枯季節增添色彩的植物

1月至2月為冬枯季節。大部分植物葉片枯萎，
但其中不乏依然開花，或特徵鮮明的觀葉植物。

	陰暗遮陰	明亮遮陰	半遮陰上午照射	半遮陰下午照射	頁碼
東瀛珊瑚（斑葉・果實）	○	○			82
麥門冬屬植物（葉）	○	○			118
青莢葉（枝）		○	○		83
硃砂根（萬兩）（果實）		○	○		103
紫金牛（葉・果實）		○	○		120
虎耳草（斑葉）		○			116
紅瑞木（枝）		○			82
薹屬植物（葉）		○	○		117
大花雪花蓮（花）			○		104
千兩（果實）			○		103
香菫菜（花）			○		104
療肺草（斑葉）			○		106
岩白菜（紅葉）			○		107
聖誕玫瑰（花）			○		105
四季迷（果實）			○		102
雪割草（花）			○		105
野芝麻（葉）			○		113
紫唇花（彩葉）				○	111
淫羊藿屬植物（紅葉）			○	○	109
日本楓（珊瑚閣）（枝）			○	○	79
小花仙客來（花）			○		106
大吳風草（斑葉）			○	○	116
紅山紫莖（幹）			○	○	81
棣棠花（枝）			○	○	85
金縷梅屬植物（花）				○	80

想栽種會呈現漂亮紅葉的植物，希望加入會散發花香的植物……
本單元特別挑選了可使庭園顯得更豐富多彩的要素，並依使用目的別，彙整成植物一覽表。
並記載適合栽種的日照條件，提供庭園植栽時參考。

適合當作地被植物的種類

使用易橫向蔓延生長，大範圍覆蓋地面的植物，
即可避免雜草生長與防止土壤流失。
一併介紹只適合夏季期間使用的植物。

	陰暗遮陰	明亮遮陰	半遮陰上午照射	半遮陰下午照射	頁碼
吉祥草	○	○			118
沿階草屬植物	○	○			118
紅孢鱗毛蕨	○	○			101
紫金牛	○	○			120
麥門冬屬植物	○	○			119
虎耳草		○			116
富貴草	○	○	○		120
玉簪（夏季期間）		○			99
薹屬植物		○			117
攀根		○			114
心葉牛舌草（寒帶地區）		○			108
岩白菜		○			107
野芝麻		○			113
紫唇花		○	○		111
淫羊藿屬植物		○	○		109
非洲鳳仙花（夏季期間）		○			122
風知草（夏季期間）		○			119
彩葉草（夏季期間）		○			122
大吳風草		○			116
匍枝亮葉忍冬		○	○		102
葉薊			○		95
萱草（夏季期間）			○	○	96
藍雪花（夏季期間）			○	○	115

散發花香的植物

打造庭園時，香氣也是重要要素之一。
加入散發怡人香氣的植物，除可營造季節感外，
還可將庭園打造成舒適溫馨的空間。

	陰暗遮陰	明亮遮陰	半遮陰上午照射	半遮陰下午照射	頁碼
玉簪（部分品種）		○			99
香堇菜		○			104
聖誕玫瑰（因個體而不同）		○			105
四季蓳		○			102
雪割草（因個體而不同）		○			105
玉竹		○	○		111
含笑花			○		80
瑞香			○		84
蔓花忍的同類			○		110
英國藍鈴花			○		107
匍枝亮葉忍冬			○		102
草莓樹				○	91
梔子花				○	88
山梅花屬植物				○	87
小葉鼠刺			○	○	86
金縷梅（Arnold Promise）			○		80
地中海莢蒾			○		85

綠庭美學 07
Green garden aesthetics

日照不足也 OK
以耐陰植物打造美麗庭園

編　　　著／NHK 出版
監　　　修／月江成人
譯　　　者／林麗秀
發　行　人／詹慶和
執　行　編　輯／劉蕙寧
編　　　輯／蔡毓玲・黃璟安・陳姿伶・陳昕儀
執　行　美　編／周盈汝
美　術　編　輯／陳麗娜・韓欣恬
內　頁　排　版／周盈汝
出　版　者／噴泉文化館
發　行　者／悅智文化事業有限公司
郵政劃撥帳號／19452608
戶　　　名／悅智文化事業有限公司
地　　　址／新北市板橋區板新路 206 號 3 樓
電　　　話／(02)8952-4078
傳　　　真／(02)8952-4084
網　　　址／www.elegantbooks.com.tw
電　子　信　箱／elegant.books@msa.hinet.net

2020 年 03 月初版一刷　定價 480 元

HIKAGE WO IKASU UTSUKUSHII NIWA
supervised by Shigeto Tsukie, edited by NHK Publishing, Inc.
Copyright © 2016 NHK Publishing, Inc.
All rights reserved.
Original Japanese edition published by NHK Publishing, Inc.

This Traditional Chinese edition is published by arrangement with NHK
Publishing, Inc., Tokyo in care of Tuttle-Mori Agency, Inc., Tokyo
through Keio Cultural Enterprise Co., Ltd., New Taipei City.

經銷／易可數位行銷股份有限公司
地址／新北市新店區寶橋路 235 巷 6 弄 3 號 5 樓
電話／(02)8911-0825
傳真／(02)8911-0801

國家圖書館出版品預行編目資料

日照不足也 OK・以耐陰植物打造美麗庭園 / NHK
出版編著；月江成人監修；林麗秀譯 .-- 初版 .-- 新
北市：噴泉文化館出版，2020.03
　面；　公分 . -- (綠庭美學；07)
ISBN978-986-98112-6-2 (平裝)

1. 庭園設計 2. 造園設計

435.72　　　　　　　　　　　　　　　109001362

監修
月江成人
Tsukie Shigeto

大學畢業後前往歐美植物園研修，累積豐富學識。歸國後於日本國內植物園擔任研究員，負責植栽企劃，繼而專心投入公園與私人宅邸植栽設計顧問事業。2007 年以理想庭園建設為重要目標，移居大自然豐饒的山間小村落。認為綠意盎然的庭園，是營造富饒城鎮景觀的重要一環，陸續提出「以植物為主角的庭園建設」等方案。

植栽設計・插畫
月江 潮
Tsukie Ushio

歷經上班族工作後，1999 年進入兵庫縣立淡路景觀園藝學校，專攻園藝與設計，於大自然生態最富饒的淡路島度過兩年時光。學成後即留在學校從事庭園管理業務等，負責庭園設計與插畫等工作。後來，為了尋求更適合孩子們生長的環境，遷往農村居住，積極參與鄰近地區的社區活化計畫等，以發掘「鄉間魅力」，讓生活過得更豐富精采為樂。

STAFF

攝影
伊藤善規
今井秀治
f-64 寫真事務所（福田 稔 ・ 上林德寬）
高崎紗弥加
竹田正道
竹前 明
筒井雅之
德江彰彥
成清徹也
蛭田有一
福岡将之
藤川志朗
牧 稔人
丸山 滋

圖片提供
月江成人
ARS PHOTO 企劃
今井秀治
荻原植物園
多摩市立 Green Live Center

採訪協力
雨宮美枝子
淡路夢舞台溫室「奇跡の星の植物館」
安城產業文化公園 DENPARK
飯田真理子
花遊庭
Garden Plants 工藤
Clematis の丘
京王 Floral Garden ANGE

惠泉女學園大學
小高静子
清水奈津子
高橋惠美子
瀧 光夫
多摩市立 Green Live Center
玉村仁美
平岡明子
藤森哲雄
三原 勇
Miyosi Perennial Garden
山根順子

插畫
月江 潮
常葉桃子

設計
尾崎行欧
粒木まり恵
野口なつは
（oigds）

校正
安藤幹江
高橋尚樹

DTP 協力
Dolphin

編輯協力
有竹 綠

企劃 ・ 編輯
上杉幸大（NHK 出版）

自然綠生活03

Deco Room with Plants
人氣園藝師打造的綠意&
野趣交織の創意生活空間
作者：川本諭
定價：450元
19×24 cm・112頁・彩色

自然綠生活04

配色×盆器×多肉屬性
園藝職人の多肉植物組盆筆記
作者：黑田健太郎
定價：480元
19×26 cm・160頁・彩色

自然綠生活05

雜貨×花與綠的自然家生活
香草・多肉・草花・觀葉植物的
室內&庭園搭配布置訣竅
作者：成美堂出版編輯部
定價：450元
21×26 cm・128頁・彩色

自然綠生活06

陽台菜園聖經
有機栽培81種蔬果，
在家當個快樂の盆栽小農！
作者：木村正典
定價：480元
21×26 cm・224頁・彩色

自然綠生活07

紐約森呼吸
愛上綠意圍繞の創意空間
作者：川本諭
定價：450元
19×24 cm・114頁・彩色

自然綠生活08

小陽台的果菜園&香草園
從種子到餐桌・食在好安心！
作者：藤田智
定價：380元
21×26 cm・104頁・彩色

自然綠生活 09

懶人植物新寵
空氣鳳梨栽培圖鑑
作者：藤川史雄
定價：380元
14.7×21 cm・128頁・彩色

自然綠生活 10

迷你水草造景×生態瓶的
入門實例書
作者：田畑哲生
定價：320元
21×26 cm・80頁・彩色

自然綠生活11

可愛無極限
桌上型多肉迷你花園
作者：Inter Plants Net
定價：380元
18×24 cm・104頁・彩色

自然綠生活12

sol×sol的懶人花園・與多肉
植物一起共度的好時光
作者：松山美紗
定價：380元
21×26 cm・96頁・彩色

自然綠生活13

黑田園藝植栽密技大公開
一盆就好可愛的多肉組盆
NOTE
作者：黑田健太郎・栄福綾子
定價：480元
19×26 cm・104頁・彩色

自然綠生活14

多肉×仙人掌迷你造景花園
作者：松山美紗
定價：380元
21×26 cm・104頁・彩色

自然綠生活15

初學者的
多肉植物&仙人掌日常好時光
編著：NHK出版
監修：野里元哉・長田研
定價：350元
21×26 cm・112頁・彩色

自然綠生活16

Deco Room with Plants here
and there 美式個性風×
綠植栽空間設計
作者：川本諭
定價：450元
19×24 cm・112頁・彩色

自然綠生活17

在11F-2的
小花園玩多肉的365日
作者：Claire
定價：420元
19×24 cm・136頁・彩色

自然綠生活18

以綠意相伴的生活提案
授權：主婦之友社
定價：380元
18.2×24.7 cm・104頁・彩色

自然綠生活19

初學者也OK的森林原野系
草花小植栽
作者：砂森聰
定價：380元
21×26 cm・80頁・彩色

自然綠生活20

多年生草本植物栽培書
從日照條件了解植物特性
作者：小黑晃
定價：480元
21×26 cm・160頁・彩色

自然綠生活21

陽臺盆栽小菜園
自種・自摘・自然食在
授權：NHK出版
監修：北条雅章・石倉ヒロユキ
定價：380元
21×26 cm・120頁・彩色

自然綠生活22

室內觀葉植物精選特集
作者：TRANSHIP
定價：450元
19×26 cm・136頁・彩色

自然綠生活 23
親手打造私宅小庭園
授權：朝日新聞出版
定價：450元
21×26 cm·168頁·彩色

自然綠生活 24
廚房&陽台都OK
自然栽培的迷你農場
授權：BOUTIQUE-SHA
定價：380元
21×26 cm·96頁·彩色

自然綠生活 25
玻璃瓶中的植物星球
以苔蘚·空氣鳳梨·多肉·觀葉植物
打造微景觀生態花園
授權：BOUTIQUE-SHA
定價：380元
21×26 cm·82頁·彩色

自然綠生活 26
多肉小宇宙
多肉植物的生活提案
作者：TOKIIRO
定價：380元
21×22 cm·96頁·彩色

自然綠生活 27
人氣園藝師
川本諭的植物&風格設計學
作者：川本諭
定價：450元
19×24 cm·120頁·彩色

自然綠生活 28
生活中的綠舍時光
30位IG人氣裝飾家＆
綠色植栽的搭配布置
作者：主婦之友社◎授權
定價：380元
15×21 cm·152頁·彩色

自然綠生活 29
超可愛的多肉×雜貨
32種田園復古風DIY組合盆栽
作者：平野純子
定價：380元
15×21 cm·120頁·彩色

自然綠生活 30
好好種的
自然風花草植栽
作者：小林健二
定價：380元
18×24 cm·104頁·彩色

自然綠生活 31
輕鬆規劃草本風花草庭園
作者：NHK出版
監修：天野麻里
定價：480元
21×26 cm·136頁·彩色

自然綠生活 32
500個多肉品種圖鑑＆
栽種訣竅
作者：靍岡秀明
定價：480元
19×26 cm·152頁·彩色

綠庭美學01
木工&造景
綠意的庭園DIY
授權：BOUTIQUE-SHA
定價：380元
21×26 cm·128頁·彩色

綠庭美學02
自然風庭園設計BOOK
設計人必讀！
花木×雜貨演繹空間氛圍
授權：MUSASHI BOOKS
定價：450元
21×26 cm·120頁·彩色

綠庭美學03
我的第一本花草園藝書
作者：黑田健太郎
定價：450元
21×26 cm·128頁·彩色

綠庭美學04
雜貨×植物の
綠意角落設計BOOK
授權：MUSASHI BOOKS
定價：450元
21×26 cm·120頁·彩色

綠庭美學05
樹形盆栽入門書
作者：山田香織
定價：580元
16×26 cm·168頁·彩色

花草集01
最愛的花草日常
有花有草就幸福的365日
作者：增田由希子
定價：240元
14.8×14.8 cm·104頁·彩色

綠庭美學06
親手打造一坪大的
森林系陽台花園
授權：主婦與生活社
定價：380元
21×29.7 cm·104頁·彩色

本圖片摘自
《親手打造一坪大的森林系陽台花園》